에너지변환실험

이향범, 임성훈, 변진규 지음

gb
지오아카데미

에너지변환실험

초판인쇄 2021년 3월 1일
초판발행 2021년 3월 1일

저 자 이향범, 임성훈, 변진규
펴 낸 곳 지오아카데미
발 행 인 신은정
주 소 서울 중구 퇴계로 213 일흥빌딩 408호
등 록 2016년 3월 7일 제395-2016-000014호
전 화 02)381-0706 | 팩스 02)371-0706
이 메 일 emotion-books@naver.com
홈페이지 www.geobooks.co.kr

ISBN 979-11-91346-03-9
값 10,000원

CONTENTS

에너지변환실험

머리말

본 교재는 전기공학을 공부하는 학부생을 대상으로 제작하였으며 전기공학 주요 과목 중 전자기학과 전기기기에 주된 내용을 다양한 실험을 통하여 이해를 돕도록 하였다. 다년간 본교에서 실시되어온 실험 내용과 평가문제 등을 통하여 학생들이 혼자서도 학습할 수 있도록 하였다.

전기기기실험은 전자장해석과 변압기, 유도기, 동기기, 직류기의 동작 원리 및 특성을 정리하였다. 또한 전자장해석과 기기실험으로 구분할 수 있으며 각각의 실험에 맞는 틀을 사용하여 실험을 수행하고 수록하였다.

많은 노력을 들였으나 부족한 면이 많으리라 생각된다. 이러한 부족한 면을 채우기 위해 많은 분들의 조언과 세미나를 통해 나타나는 문제점을 개선하고 보완해 나가고자 한다. 끝으로 본 교재를 출판함에 있어 많은 도움을 주신 여러분들의 협조에 감사드립니다.

에너지
변환실험

참고 01

실험시 유의사항

1. 실험은 전기를 이용하는 것이므로 각별히 주의하면서 실험을 하여야한다.

2. 실험 장치는 조심해서 다룬다. 특히 전압·전류 인가시 실험 특성에 맞는 전압·전류를 인가한다.

3. 실험 전에 실험내용을 파악하고 의문점이 있으면 조교에게 문의한다.

4. 실험 시 교재에 나와 있는 순서대로 정확히 따라한다.

5. 결선은 조교에게 확인받는다.

6. 실험실내로의 음식물의 반입과 흡연은 금지하며, 최대한 정숙을 요한다.

7. 전압계, 전류계 등의 사용법을 완전히 숙지하고 사용한다.

8. 컴퓨터 사용시 실험과 관계없는 소프트 웨어의 설치는 금한다.

9. 전원 결선시 차단기는 필히 사용하고, 전원인가 후에는 결선변경시 전원 off 후 결선을 변경한다.

10. 수업시간에는 인터넷 및 컴퓨터 사용을 자제한다.

11. 조교의 지시를 잘 따르도록 한다.

참고 02

기초장비 사용법

◔ 전류계

전류계는 회로의 전류를 측정하는 계기로 실험실에서 주로 사용하는 전류계는 직류 전류계이다.

① 직류용 전류계 : 눈금판에 A 또는 DCA로 표시되어 있고 단자에 (+)기호 또는 붉은색 표시가 있다.

② 교류 전류계 : 눈금판에 A에 ~표시 또는 ACA로 표시되어 있고, 단자에는 (+)기호나 붉은색 표시가 없다.

◈ 전류계의 원리

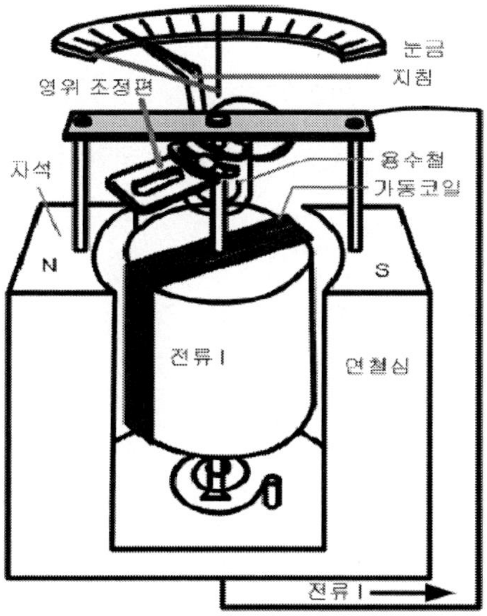

전류계의 기본적 구조

전류계의 내부에는 영구 자석이 들어 있고 자석의 N극, S극 사이에 코일을 감은 철심이 자기장과 수직하게 들어 있다. 코일에 전류가 흐르면 자석에 의한 자기장의 영향으로 코일이 힘을 받아 회전하면서 코일에 붙어 있는 바늘이 함께 회전하도록 되어 있다. 이 코일에는 가는 용수철이 함께 붙어 있어서 전류가 받는 힘이 용수철의 복원력과 같을 때 바늘이 멈추도록 되어 있다.

센 전류를 측정하는 경우에는 단자를 바꾸어서 전류의 일부분만 코일에 흐르게 한다. 이 때는 다른 눈금으로 전체의 전류를 읽을 수 있도록 만들어져 있다.

◈ 퓨즈

fuze 전선로에 과전류가 계속 흐르는 것을 방지하기 위하여 사용하는 일종의 자동차단기. 전류에 의하여 발생하는 열로 그 자체가 녹아 전선로가 자연히 끊어지게 하는 것으로, 저압용 퓨즈에는 개방형과 포장형이 있으며 어느 것이나 전기설비기준의 적용을 받으며, 퓨즈는 납과 주석 또는 아연과 주석의 합금으로 만든다.

퓨즈의 종류로서는

① 실퓨즈…정격전류 5A 이하에서 사용한다.

② 판퓨즈…경금속제로 그 양 끝에 고리 모양의 훅이 달려 있다.

③ 통형퓨즈…퓨즈가 통 속에 들어 있다.

④ 플러그 퓨즈…플러그처럼 생긴 내부에 퓨즈가 들어 있다.

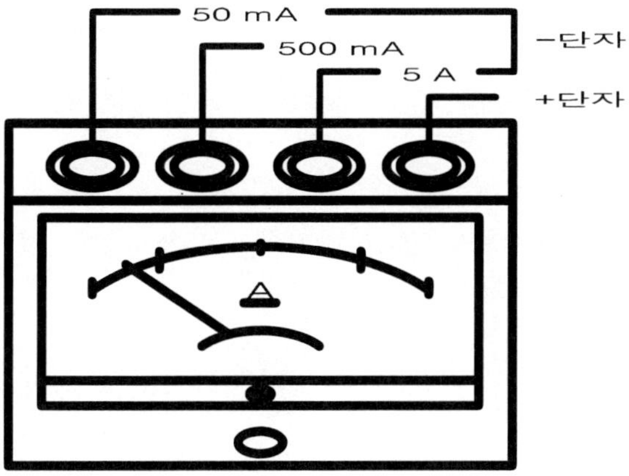

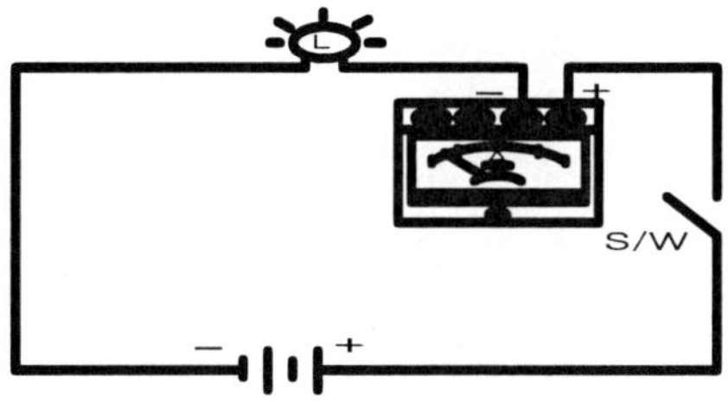

◈ **전류계의 사용법**

① 먼저 직류용인지 교류용인지 확인한다. 직류용은 눈금판에 A 또는 DCA로 표시되어 있고 단자에 (+)기호 또는 붉은색 표시가 있다.

② 전류계는 회로에 직렬로 연결한다. (+)단자는 회로에 전원 장치의 (+)극에 (-)단자는 전원장치의 (-)극에 연결한다. 극이 바뀌어 연결되면 바늘이 눈금판의 반대쪽으로 움직인다.

③ (-)단자는 전류의 최대값의 단자를 먼저 쓴다. 회로의 전류 세기를 예상하기 어려운 경우 (-)단자를 선택할 때, 최대값에 연결하였다가 차츰 작은 값의 단자로 바꾸어 연결한다. 그렇게 함으로써 계기를 보호할 수 있고 전류에 대한 안전한 측정이 가능하다.

④ 사용하는 단자에 대응하는 눈금을 읽는다.

◒ 전압계

전압계는 회로의 전압을 측정하는 계기로 실험실에서 주로 사용하는 전압계는 직류/교류 전압계이다.

① 직류용 전압계 : 눈금판에 V 또는 DCV로 표시되어 있고 단자에 (+)기호 또는 붉은색 표시가 있다.

② 교류 전압계 : 눈금판에 V에 ~표시 또는 ACV로 표시되어 있고, 단자에는 (+)기호나 붉은색 표시가 없다.

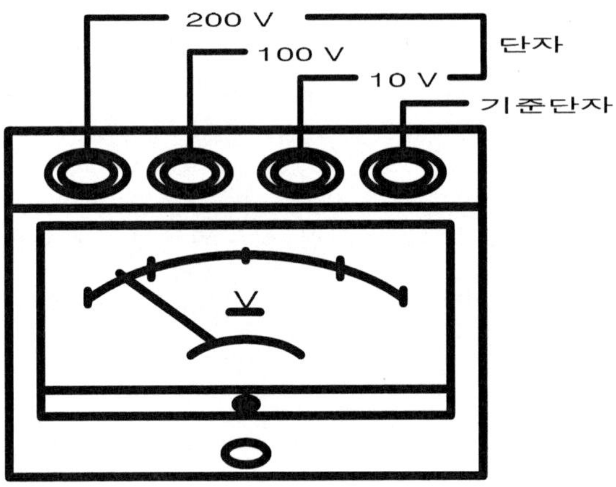

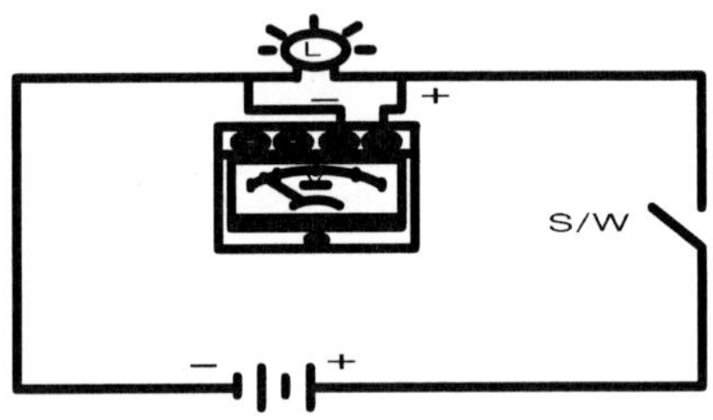

◈ 전압계의 사용법

① 먼저 직류용인지 교류용인지 확인한다. 직류용은 눈금판에 V 또는 DCV로 표시되어 있고 단자에 (+)기호 또는 붉은색 표시가 있다.

② 전압계는 회로에 병렬로 연결한다.

③ 단자 전압의 최대값의 단자를 먼저 쓴다. 회로의 전압 세기를 예상하기 어려운 경우 단자를 선택할 때, 최대값에 연결하였다가 차츰 작은 값의 단자로 바꾸어 연결한다. 그렇게 함으로써 계기를 보호할 수 있고 전압에 대한 안전한 측정이 가능하다.

④ 사용하는 단자에 대응하는 눈금을 읽는다.

◓ 전력계

1. 휴대용 단상 전력계 사용상의 일반설명

Type HS-7013-01 휴대용 단상전력계는 실험실이나 현장에서 DC 및 AC의 전력을 간편하게 측정할 수 있도록 설계되었습니다. 베크라이트(bakelite)외함을 채용함으로써 우수한 절연능력을 보장하며 외부자계의 영향이 적습니다.

2. 특 성

1) 정밀도 : 전 레인지 ±0.5%

2) 치수 : 256(H)×180(W)×105(D)mm

3) 중량 : 약 2.45kg

4) 눈금 길이 : 약 135mm

3. 외관 설명

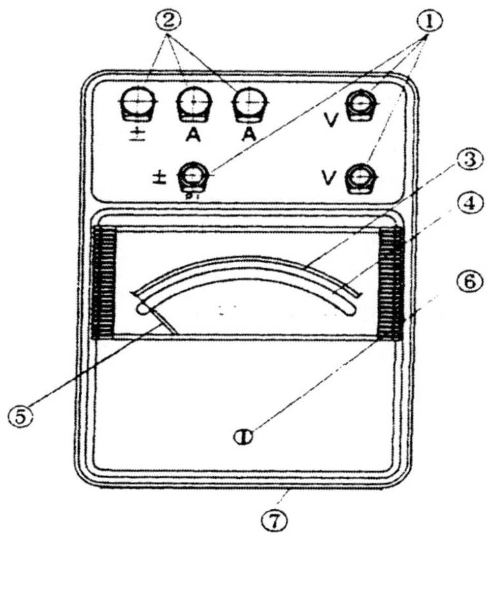

①. 전압단자

②. 전류단자

③. 눈금

④. 거울

⑤. 지침

⑥. 영위조정나사

⑦. 각 레인지에 따른 승수표

4. 측정전의 준비

1) 평평한 곳에 계기를 위치시킵니다.

2) 영위가 제대로 맞추어 졌는지 확인합니다. 영위가 맞지 않을 경우 전면의 영위조정나사를 드라이버를 이용해 돌려서 맞추도록 합니다.

3) 측정하기 전에 측정코자 하는 전원 측의 전원이 꺼져 있는지 확인합니다.

4) 적당한 전압레인지와 전류 레인지를 선택합니다.

5. 결선

다음의 그림과 같이 결선합니다.

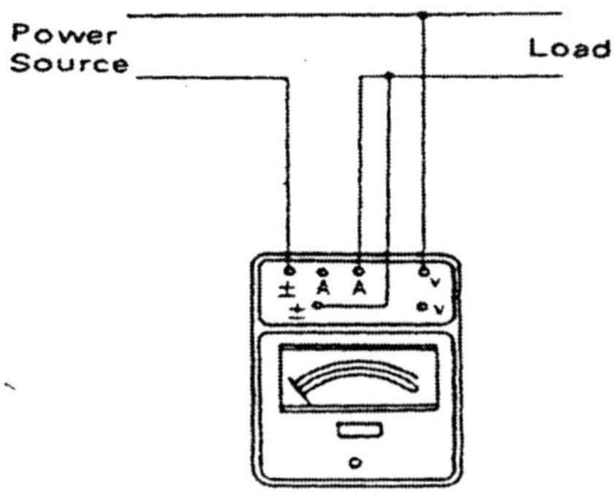

측정전력치(watt)는 다음과 같습니다.
측정전력치 = 눈금의 지시치×승수

예) 눈금의 지시치 : 100
승수 : 5
측정전력치=100×5=500W

* 전류가 계기의 정격치를 초과할 경우에는 다음의 그림에서와 같이 계기용 변류기(CT)를 접속합니다.

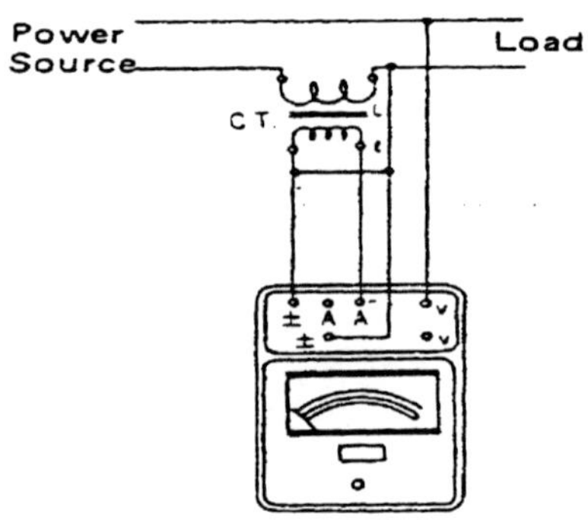

측정전력치(watt)는 다음과 같습니다.
측정전력치=눈금의지시치×승수×CT비
예) 눈금의 지시치 : 100
승수 : 5
CT비 : 50/5A
측정전력치
=100×5×50/5=5000W=5kW

* 전압이 계기의 정격치를 초과할 경우에는 다음의 그림에서와 같이 계기용 변압기(PT)를 접속합니다.

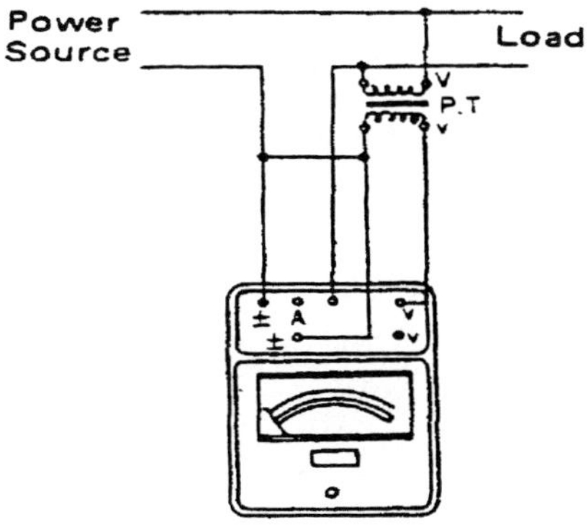

측정전력치(watt)는 다음과 같습니다.
측정전력치=눈금의지시치×승수×PT비

예) 눈금의 지시치 : 100
승수 : 5
PT비 : 6600/110V
측정전력치=100×5×6600/110
=30000W=30kW

* 전압과 전류가 모두 계기의 정격치를 초과할 경우에는 다음의 그림과 같이 계기용변압기(PT)와 계기용 분류기(CT)를 각각 접속합니다.

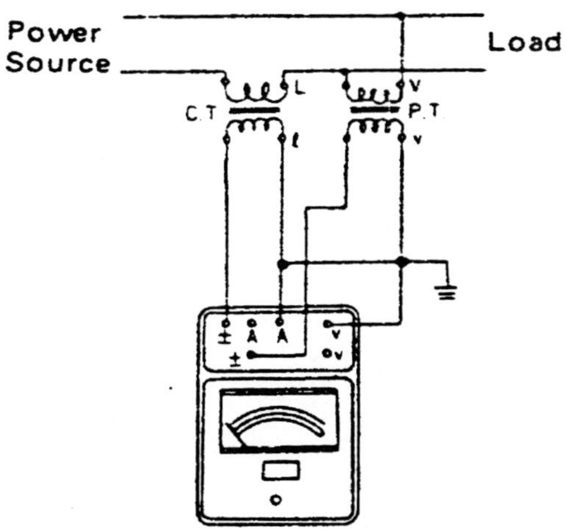

측정전력치
= 눈금의 지시치×승수×PT비×CT비
예) 전압레인지 : 120V
전류레인지 : 5A
승수 : 5
눈금의 지시치 : 100
PT비 : 6600/110V
CT비 : 50/5A
측정전력치(W)
=100×5×6600/110×50/5
=300000watt=300kW

6. 승수표 읽는법

Voltage Range	Range Multiplier	
Current Range	120V	240V
1A	1	2
5A	5	10

승수표를 읽는 방법은 다음과 같습니다.

위의 표는 단상전력계 1A/5A에 해당되는 승수표입니다.

만약 전류레인지를 1A로 설정하고 전압레인지를 240V로 설정하였을 때 교차하는 부분의 숫자인 2가 승수가 됩니다.

7. 보관시의 주의사항

계기를 보관할 시 다음의 조건은 피해주시기 바랍니다.

* 습기가 많은 장소
* 직사광선
* 온도가 높은 장소
* 흔들림이 심한 장소

◓ 차단기

전기회로를 잇고 끊는 전기장치. 전기회로를 흐르는 전류는 크게 부하전류와 단락·접지 등의 고장이 났을 때 흐르는 고장전류로 나뉜다. 고장전류는 부하전류에 비해 매우 크기 때문에 차단하기 어렵다. 그러므로 차단기는 부하전류는 물론 고장전류의 차단도 할 수 있도록 설계되어 있고, 부하전류 정도의 작은 전류만 차단할 수 있는 것을 부하스위치라 하여 차단기와 구별하고 있다. 전력계통은 발전기·변압기·송전선 등 여러 기기로 이루어져 있다. 이들의 일부를 정지시키고 싶을 때는, 정지시키고 싶은 발전기나 송전선의 전류를 차단기로 차단하여 전력계통으로부터 분리시켜야 한다. 또 전력계통에 단락·접지 등의 고장이 발생하면 큰 고장전류가 흐른다. 이것을 그대로 두면 고장 난 부분의 피해가 커지고 나머지 부분도 대전류로 고장 날 수 있기 때문에 고장부분을 차단기로 되도록 빨리 차단할 필요가 있다. 차단하는 시간이 빠를수록 전력계통의 안정성이 증가하므로, 차단시간은 날로 단축되고 있다. 예를 들면 150～500kV에 쓰이고 있는 대형 차단기도 전류를 차단하는 시간은 불과 30～60ms 정도이다.

1. 종류

전기회로의 개폐는 두 도체가 이어지고 끊어져서 이루어진다. 다만 전압이 높은 회로나 전류가 큰 회로에서는 두 도체가 떨어져도 도체 사이에 아크방전이 발생하여 전류가 없어지지 않는다. 다시 말해 전류를 차단할 수 없으므로, 차단기는 발생한 아크방전에 대해 강력한 냉각 소(消)이온작용을 일으켜 아크방전을 소멸시켜야 한다. 차단기는 아크방전을 소멸시키는 방법에 따라 다음과 같이 분류할 수 있다.

(1) 유입(油入) 차단기 : 절연유(絶緣油) 속에 있는 소호실(消弧室)이라는 절연통 속에 아크방전을 발생시킨다. 소호실 안에서는 아크열에 의해 기름이 분해되어 수소가스가 발생하는데, 높은 열전도율에 의한 강력한 냉각작용과 밀폐실 내의 발생가스에 의해 가압된 신선한 기름을 아크방전에 내뿜어 아크방전을 소멸시킨다.

(2) 공기차단기 : 15～30atm의 고압공기를 도체 사이에 발생한 아크방전에 내뿜어 소멸시킨다.

(3) 가스차단기 : 절연 성능이 좋은 SF_6가스를 아크방전에 내뿜어 소멸시킨다.

(4) 진공차단기 : 10㎜Hg 정도의 고진공 용기 속에 떨어져야 할 두 도체를 놓는다. 고진공은 매우 높은 절연내력을 지니므로 이 속에서 도체를 떨어뜨리면 아크방전은 재빨리 소멸된다.

(5) 자기(磁氣)차단기 : 발생한 아크방전을 아크방전 자체의 전자기력으로 절연판 속의 슬릿에 보내, 아크방전의 길이를 증대시키거나 절연 벽에 밀어붙이는 냉각효과로써 아크방전 전압을 높여 소멸시킨다.

일반적으로 이들 차단기는 고전압회로에 사용되는데, 6kV급의 회로에는 자기차단기·진공차단기·유입차단기 등이 많이 쓰이고, 60kV 이상의 회로에는 가스차단기·공기차단기·진공차단기 등이 쓰인다. 전력계통에는 교류계통과 직류계통이 있는데, 교류는 반주기마다 전류영점을 통과하므로 아크방전이 소멸될 기회가 있으나, 직류는 전류가 0이 되는 일이 없어서 차단하기 어렵다. 직류회로의 차단은, 회로전압 3000V 이하에서는 아크방전 전압을 높여 전류를 감소시켜서 차단하고 있다. 직류송전용 차단기와 같은 고전압용에는 역전류를 겹쳐 전류영점을 만들어서 교류차단기를 이용하여 차단하는 방법과 저항을 점차 증가시켜 전류를 줄여가는 방법 등이 쓰이고 있다. 고장전류차단기로는 이 밖에 퓨즈가 있다. 이것은 과대전류의 통과에 의한 발열로 스스로 녹아 끊어져 회로를 끊게 되어 있다. 차단기에 비해 구조가 매우 간단하고 값도 싸지만 결점도 많다.

2. 퓨즈 없는 차단기

교류 600V·직류 250V 이하의 회로에는 퓨즈 없는 차단기 또는 배선용 차단기라는 일종의 소형 자기차단기가 많이 사용된다. 일반 차단기는 고장전류를 차단할 수는 있어도 고장전류가 흐르는 것은 알 수 없으므로 고장발생을 발견하는 계전기(繼電器;릴레이)와 함께 사용된다. 퓨즈 없는 차단기는 차단기와 계전기의 기능을 함께 지닌 것으로, 차단기 자체가 고장전류를 검지해서 차단한다. 이와 유사한 것으로 400V 이하의 저압회로에 사용하는 누전차단기가 있다.

3. 용량

차단기는 고장전류의 차단이 가능하지만 차단 능력에는 한계가 있으며 이러한 한계는 설계할 때 결정된다. 그 능력(정격차단 용량)은 3상(相)회로의 경우 회로전압(정격전압)과 차단이 가능한 단락전류(정격차단 전류)로 다음 식과 같이 표시된다(단상회로에서는 을 쓰지 않는다).

$$\text{정격차단 용량(kVA)} = \text{정격전압(kV)} \times \text{정격차단 전류(A)}$$

차단기는 단락고장이 이미 발생한 회로를 접속하는 경우도 있다. 이때는 차단기의 투입과 동시에 단락전류가 흐르기 때문에 차단기는 곧바로 차단동작에 들어간다. 차단동작에 들어가는 시간은 짧으므로(보통은 1초 이내) 투입 조작이 계속되는 경우가 많다. 즉 투입조작과 차단조작이 동시에 이루어지는데, 이때는 차단조작이 우선되어 투입조작이 계속되어도 차단이 안전하게 이루어져 재차 투입되는 일이 없도록 설계되어 있다. 이러한 순간분리 차단기능은 차단기가 반드시 갖추어야 할 중요한 기능의 하나이다.

참고 03

보고서 작성 요령

1학기동안 진행하게 될 실험은 전기공학을 택한 여러분들이 직장생활의 밑거름으로 기초가 될 것이며, 이를 바탕으로 여러 응용분야를 접하게 될 것입니다. 이 실험 수업을 통해 여러분은 많은 것을 배워갈 것이라 사료됩니다. 공학도로서 실험은 적절함 근거와 함께 결과를 도출하여야 하며, 실험을 통해 돌출된 결과는 보고서의 형식으로 나타나야 합니다. 여러분은 지금까지 과제(Report)를 통해 적절한 능력을 배양하였으리라 사료되지만, 본 수업에서는 좀 더 의미 있는 보고서를 작성하는 방법을 익히는 훈련의 기회로 삼기 바랍니다.

실험 보고서의 형식

보고서는 읽는 사람으로 하여금 편하고, 이해하기 쉽게 쓰는 것을 원칙으로 해야 합니다. 이를 위해서는 일정한 형식을 갖추게 됩니다. 보고서의 형식은 작성 방법에 따라 다소 달라질 수 있으나, 전기기기실험에서는 다음과 같은 순서를 표준으로 사용하고자 합니다.

예비리포트

1. 실험 목적 (필요성 제시)
2. 관련이론 요약 -과거의 관련된 연구 결과 및 이론
3. 관련이론에 따른 실험의 결과 추측
4. 결과추측에 따른 검토 및 고찰
5. 참고문헌

결과리포트

1. 실험 목적 (필요성 제시)
2. 관련이론과 실험의 비교 설명 (본론)

3. 실험의 결과에 따른 검토 및 고찰 (결론)

4. 참고문헌

1. 실험목적

각 장에 제시된 실험의 목적을 완벽히 이해하기 위하여, 각 실험이 어떠한 것을 알기 위해 어떠한 방법을 사용하는지를 이해하여야 한다.

2. 관련이론 요약

각장에 필요한 제반의 지식들을 찾아 정리하시면 됩니다. 예를 들어 유도기에 대한 부분일 경우 아라고의 원판 원리 등의 이론을 체계적으로 정리하면 됩니다.

3. 결론

실험 전체 내용을 압축하여 보고서를 마무리 합니다. 따라서 보고서의 가장 핵심이 되는 중요한 부분을 부각시키는 것이 좋습니다.

4. 검토 및 고찰

실험 과정이나 실험 결과의 분석, 또는 보고서의 작성 과정 등에서 어려웠던 점이나 새롭게 익히게 된 지식에 대한 자신의 견해를 밝히는 곳입니다. 이 부분은 각 실험에 대한 자신의 견해를 밝히는 부분을 차지하므로 보고서의 가장 중요한 부분이 됩니다.

5. 참고문헌

실험보고서를 작성하다 보면, 여러 가지 문헌을 보게 됩니다. 이러한 문헌을 참고문헌이라 (인터넷 싸이트는 참고문헌이 되지 않습니다) 합니다. 참고문헌의 인용은 보고서를 읽는 자로 하여금 신빙성을 갖게 합니다. 보편적으로 책의 제목, 책의 저자, 출판사, 년도, 페이지를 순서대로 기록합니다.

참고

04 전자기학 기초 이론

기초이론

전자기학(Electromagnetics)의 정의

정지 또는 이동 상태에 있는 전하들에 의해 발생하는 전기, 자기적인 현상을 연구하는 학문으로 전자기적인 에너지 혹은 신호의 형태 등 모든 전기 및 전자공학분야에 응용이 되는 기본원리를 제공하는 학문이다. 이러한 전자기학의 학문적 완성은 1873년 영국의 James Clerk Maxwell에 의하여 확립되었다.

	전기현상	자기현상
근 원 (Source)	전하	전류
극 성	양극(+),음극(-)	N극, S극
힘	전기력	자기력
계(Field)	전계	자계
방향성	양전하→음전하	N극→S극

1. 사용되는 기호들-전장

기 호	단 위	이 름
$\vec{E}$	$[V/m]$	전계의 세기
$\vec{D}$	$[C/m^2]$	전속밀도
V	$[V]$	전기스칼라포텐셜
F_e	$[N]$	전장에서 발생하는 힘
W_e	$[J]$	전장 에너지
ρ_v	$[C/m^3]$	전하밀도
Q , q	$[C]$	전하량
ϵ , ε_0	$[F/m]$	유전율

2. 사용되는 기호들-자장

기 호	단 위	이 름
$\vec{H}$	$[A/m]$	자계의 세기
$\vec{B}$	$[T]=[Wb/m^2]$	자속밀도
$\vec{J}$	$[A/m^2]$	전류밀도
$\vec{A}$	$[Wb/m]$	자기벡터포텐셜
W_m	$[J]$	자장 에너지
F_m	$[N]$	자장에서 발생하는 힘
I	$[A]$	전류
ϕ	$[Wb]$	자속
μ ,μ_0	$[H/m]$	투자율

3. 전자장 현상의 표현

전기 자기장의 현상을 전계와 자계로 분류하여 정리한다.

1 정전계

정전하(stationary electric charge)에 의해 형성되어지는 공간으로 정지상태의 전하에 의한 효과가 주요 관점이며 시간에 대한 변화는 없다고 가정하여 출발한다.

□ 정전계 모델의 두 기본 방정식

$$\nabla \cdot \vec{D} = \rho_v \tag{1-1}$$

$$\nabla \times \vec{E} = 0 \tag{1-2}$$

□ 전계강도 또는 전계의 세기 (Electric Field Intensity) $\vec{E}$

$$\vec{E} = \lim_{q \to 0} \frac{\vec{F}}{q} \ [V/m] \tag{1-3}$$

$$\vec{F} = q\vec{E} \ [N] \tag{1-4}$$

	미분형	적분형	설명
	$\nabla \times \vec{E} = 0$	$\oint_c \vec{E} \cdot \vec{dl} = 0$	정전계강도를 그 주위의 임의의 폐경로를 따라 스칼라 선적분한 양은 영(zero)이다. (정전계의 비회전성)
Gauss 법칙	$\nabla \cdot \vec{D} = \rho_v$	$\oint_S \vec{D} \cdot d\vec{S} = Q$	자유공간에서 임의의 폐곡면을 통하여 전계 $\vec{E}$의 외부로 나가는 총 전속은 면으로 둘러싸인 총 전하를 ϵ_0로 나눈 것과 같다.
전속밀도 방정식	$\vec{D} = \epsilon\vec{E}$		매질의 특성에 따른 전속밀도와 전계의 세기와의 관계 나타낸다.

이산 점전하 그룹에 의한 전계	$\vec{E} = \frac{1}{4\pi\epsilon_0}\sum_{k=1}^{n}\frac{q_k\left(\vec{R}-\vec{R_k'}\right)}{\left\|\vec{R}-\vec{R_k'}\right\|^3} \ [V/m]$	
연속적인 전하분포에 의한 전계	체적전하분포의 전계강도	$\vec{E} = \frac{1}{4\pi\epsilon_0}\int_{V'}\frac{\rho_v}{R^2}\hat{R}\,dv' \ [V/m]$
	면전하분포의 전계강도	$\vec{E} = \frac{1}{4\pi\epsilon_0}\int_{S'}\frac{\rho_s}{R^2}\hat{R}\,ds' \ [V/m]$
	선전하분포의 전계강도	$\vec{E} = \frac{1}{4\pi\epsilon_0}\int_{L'}\frac{\rho_l}{R^2}\hat{R}\,dl' \ [V/m]$

2 정자계

영구자석 또는 이동전하(전류)에 의해 형성되어지는 계(Field)로서 시간에 대한 변화는 없다고 가정에서 시작한다.

□ 정자계 모델의 두 기본 방정식

$$\nabla \cdot \vec{B} = 0 \tag{1-5}$$

$$\nabla \times \vec{H} = \vec{J} \tag{1-6}$$

□ 정자계의 두 기본가정

$\nabla \cdot \vec{B} = 0, \quad \oint_s \vec{B} \cdot \vec{ds} = 0$: $\vec{B}$의 회전은 영이다. (1-7)

$\nabla \times \vec{B} = \mu_0 \vec{J}, \quad \oint_c \vec{B} \cdot \vec{dl} = \mu_0 I$: 비자성 매질에서 정자계 $\vec{B}$의 회전 (1-8)

	미분형	적분형	설명
Ampere의 주회법칙	$\nabla \times \vec{H} = \vec{J}$	$\oint_c \vec{H} \cdot \vec{dl} = I$	비자성체에서 임의의 폐경로를 따른 자속밀도의 순환(Circulation)은 경로에 의해 둘러싸인 표면을 통해 흘러나가는 총 전류에 μ_0를 곱한 것과 같다.
자속보존의 법칙	$\nabla \cdot \vec{B} = 0$	$\oint_s \vec{B} \cdot \vec{ds} = 0$	어떠한 자기흐름 원천(flow source)은 있지 않으며, 자속선은 항상 그들 자신에 대해 닫혀 있다. 임의의 폐표면 밖으로 흘러나가는 순 자속의 합은 영이다.
자속밀도 방정식	$\vec{B} = \mu \vec{H}$		매질의 특성에 따른 자속밀도와 자계의 세기의 관계를 나타낸다.

③ 교류자장

	미분형	적분형	설명
Faraday 법칙	$\nabla \times \vec{E} = -\dfrac{\partial \vec{B}}{\partial t}$	$\oint_c \vec{E} \cdot \vec{dl} = -\dfrac{d\phi}{dt}$	폐회로 내에 유도된 기전력은 회로와 결합되는 자속의 증가율의 마이너스와 같다.
Ampere의 주회법칙	$\nabla \times \vec{H} = \vec{J} + \dfrac{\partial \vec{D}}{\partial t}$	$\oint_c \vec{H} \cdot \vec{dl} = I + \int_s \dfrac{\partial \vec{D}}{\partial t} ds$	임의의 폐경로 주위를 따라 자계의 회전은 둘러싸인 면적을 통해 흐르는 전류와 변위전류의 합과 같다
자속보존의 법칙	$\nabla \cdot \vec{B} = 0$		$\oint_s \vec{B} \cdot \vec{ds} = 0$

4. 등포텐셜과 장의 세기

지리에서 지형의 높낮이는 등고선을 통하여 표현을 한다. 등고선 간격이 좁은 영역은 지형의 경사가 심한 곳이고 등고선의 간격이 넓은 영역은 경사가 완만한 곳이다. 등포텐셜이란 포텐셜이 같은 점을 연결한 선으로 등고선과 같은 원리로 장의 세기를 표현하는 방법이다.

전장에서는 등포텐셜 선과 수직으로 전력선이 분포하며, 자장에서는 등포텐셜과 같은 방향으로 자력선이 분포한다.

실험 01

전자장 수치해석 프로그램 소개

실험목적

전기 및 자기적인 현상들을 정성적 또는 정량적으로 파악하고 이해하는 것은 쉬운 일이 아니다. 전자기 현상의 해석을 위해 많은 실험을 통해 이론이 정립되었으며, 맥스웰 방정식으로 정리되었다. 이론과 수식의 이해가 쉽지 않기 때문에 처음으로 전기자기학을 전공으로 다루는 학생들은 학습에 어려움이 따르기 마련이다. 그러나 전자장 수치해석 프로그램을 사용하면 간단한 자료의 입력으로 전자기 현상을 쉽게 이해할 수 있다.
유한요소법을 이용하여 전자장 수치해석을 할 수 있는 유한요소 해석프로그램인 COMSOL의 기본적인 사용법을 간단한 예제를 통해 익혀보자.

정전장 예제 : 구형 전하구름에 의한 전계

(Electric Field by Uniformly Charged Sphere)》

반지름 a인 구형 전하구름의 체적전하밀도가 $\rho_v\,[C/m^3]$일 때, 전계의 세기 $\vec{E}[V/m]$를 구하시오. $a = 1\,m$, $\rho_v = 2.656\,nC/m^3$인 경우 구의 표면에서 E를 구하시오.

맥스웰방정식 중 다음 수식을 이용한다.

$$\nabla \cdot \vec{D} = \rho_v \ , \ \vec{D} = \epsilon \vec{E}$$

주어진 조건이 구대칭이므로 Gauss 표면은 동심 구면이며, 전계 E는 구의 중심에서 방사성을 이루고, 같은 반지름에서 $\hat{r}$방향으로 일정한 크기를 가진다.

$$\vec{E} = E\hat{r} = \begin{cases} \dfrac{\rho_v}{3\epsilon_0} r & 0 \leq r \leq a \\ \dfrac{\rho_v a^3}{3\epsilon_0} \dfrac{1}{r^2} & r \geq a \end{cases}$$

구 표면에서 $E = \dfrac{2.656 \times 10^{-9}}{3 \times 8.854 \times 10^{-12}} \approx 100\, V/m$

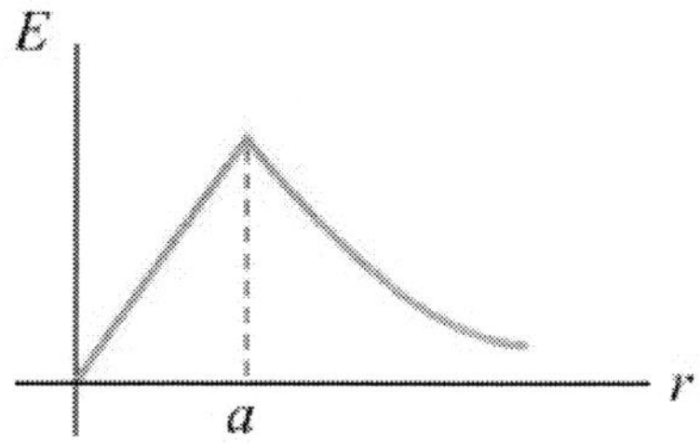

그림 1-1 전계의 세기

COMSOL로 문제 풀기

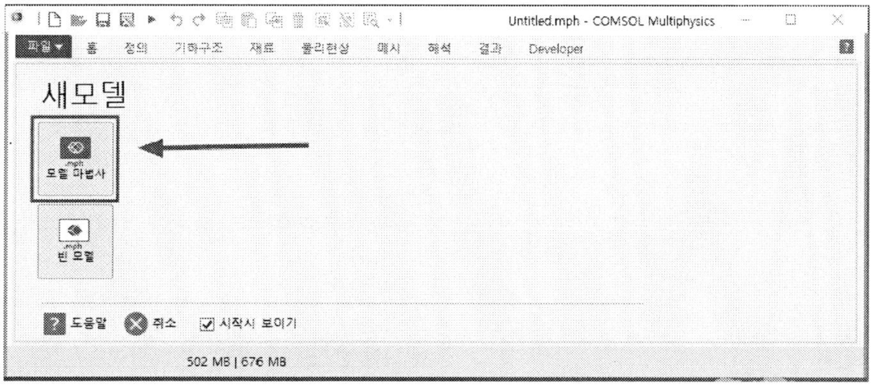

그림 1-2 새 모델 시작하기

COMSOL을 실행시키고 “모델 마법사(Model Wizard)”를 선택하여 작업을 진행한다.

만약 한글이 보이지 않는 다면, File→Preference→General→Language에서 “Korean”을 선택한 후, 다시 COMSOL을 실행한다.

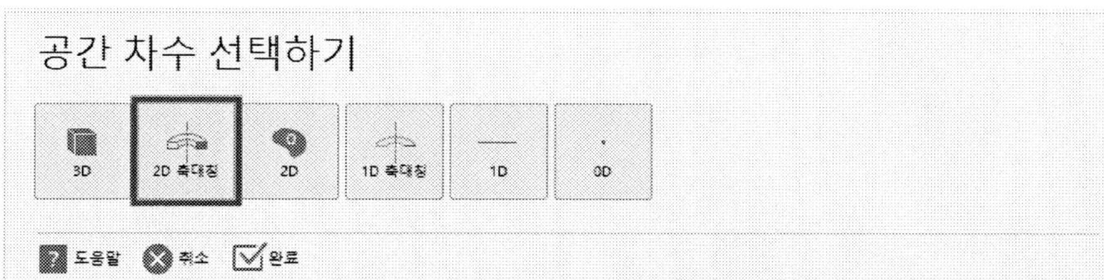

그림 1-3 해석 모델의 공간 차수(dimension) 선택하기

해석하고자 하는 문제에 따라 "공간 차수(Space Dimension)"을 선택한다. 예제의 구는 반원을 중심축을 기준으로 회전시켜 만들 수 있으므로 "2D 축대칭(2D Axisymmetric)"을 선택하여 모델링을 진행한다.

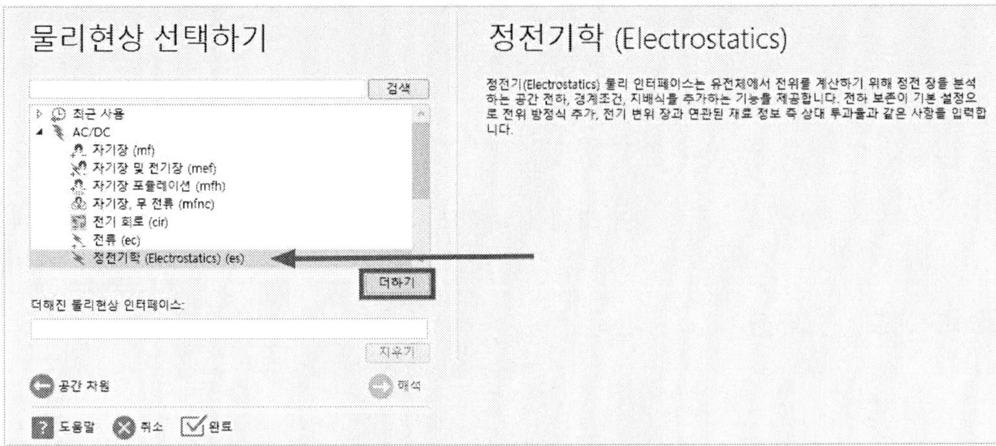

그림 1-4 물리현상 선택하기

전계해석에 대한 문제이므로, "정전기학(Electrostatic)"을 선택하고 "더하기"를 누른다. 화면 우측에 물리현상에 대한 해설이 있으므로 참조한다.

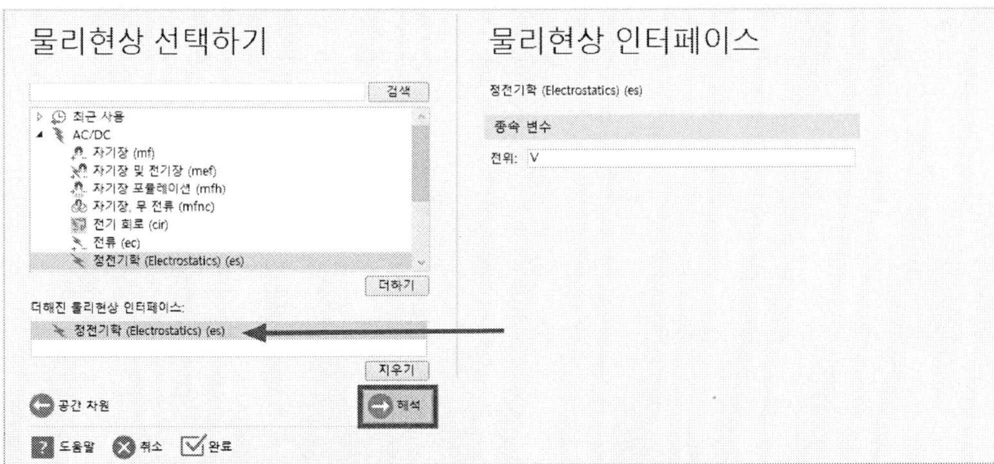

그림 1-5 물리현상 선택하기

선택된 물리현상에 대한 종속변수가 화면 우측에 있다. 정전기학에서는 "전위(Electric Potential)" V를 변수로 사용한다. "해석(Study)"을 눌러 다음 화면으로 간다.

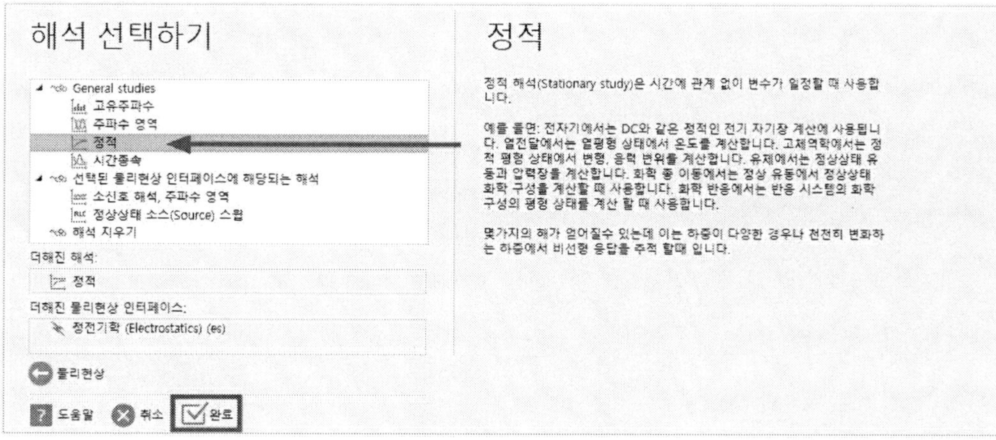

그림 1-6 해석 선택하기

시간에 대한 변화가 없으며, 정상상태에서의 값을 보려하기 때문에 "정적 해석(Stationary Study)"을 선택하고 "완료(Done)"를 누른다.

초기화면의 상단에 있는 탭의 기능은 다음의 표와 같다.

명 칭	기 능
· 새모델	빈 모델로 바로 시작, 혹은 모델 마법사를 통해 프로젝트 기반설정 후 시작 선택
· 공간 차수 선택하기	모델링 하고자 하는 사물의 차수 선택(3D, 2D 축대칭, 2D, 1D 축대칭, 1D, 0D)
· 물리현상 선택하기	사용자가 구성할 모델에서 고려하기 원하는 물리 현상을 선택(AC/DC, 음향학, 화학종 이동, 유체유동, 열전달, RFID, 구조역학 등)
· 해석 선택하기	위 물리현상 선택하기에서 선택된 물리현상을 해석하기 위한 물리영역을 선택(AC/DC에선 주파수영역, 정적, 시간종속 등)

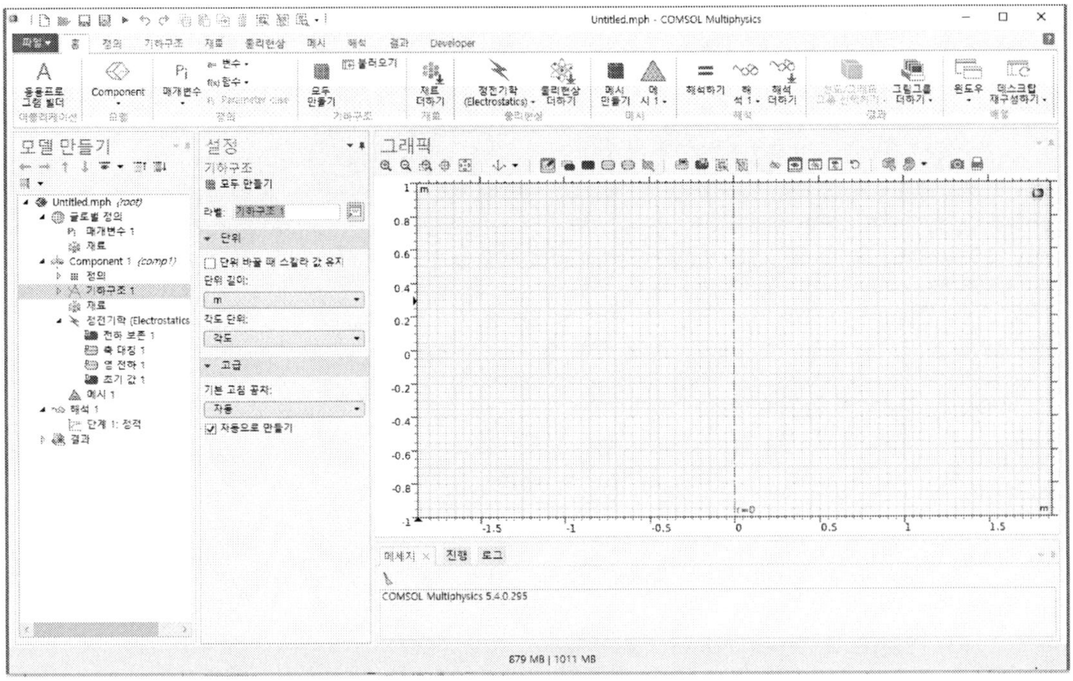

그림 1-7 유한요소 해석을 위한 초기 화면

유한요소 해석을 위한 초기 화면이다. "홈" 탭에서는 해석에 관련된 큰 틀의 메뉴가 배열되어 있다. 유한요소해석의 과정은 "① (기하구조, Geometry) 해석 형상 입력 ② (재료, Materials) 재질 값 입력 ③ (물리현상, Physics) 해석 조건 입력 – 경계조건, 전하 밀도, 전압 등 ④ (메시, Mesh) 요소망 생성 - 해석 영역을 삼각형 요소로 분할 ⑤ (해석, Study) 행렬 계산 - 미지수 구하기 ⑥ (결과, Results) 해석 결과 확인"의 순서로 진행된다. 화면의 "글로벌 정의(Global Definitions)" 탭에서는 해석에 필요한 변수 등을 정의한다.

o. 매개변수(Parameters) 설정

해석을 하기 위해서는 구형 전자구름을 포함한 구를 정의하여야 한다. 전자구름의 반지름을 a, 바깥 구의 반지름을 b라 정의하고, a=1, b=10의 값을 사용하자. "글로벌 정의"→"매개변수 1"을 선택하고, 설정 화면에서 a는 1, b는 10의 값을 입력한다. 그림 1-9의 네모 상자 참조한다.

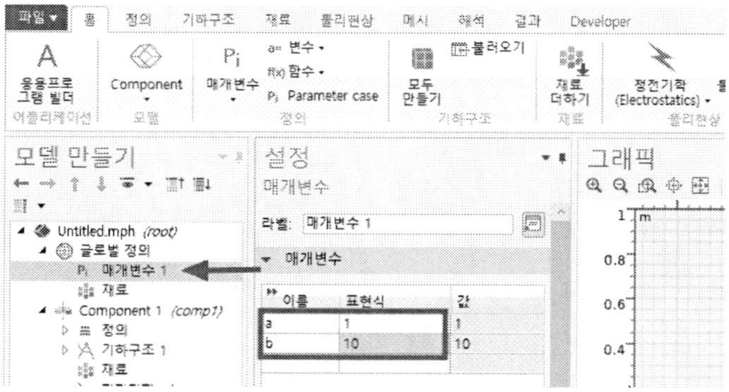

그림 1-8 매개변수 설정

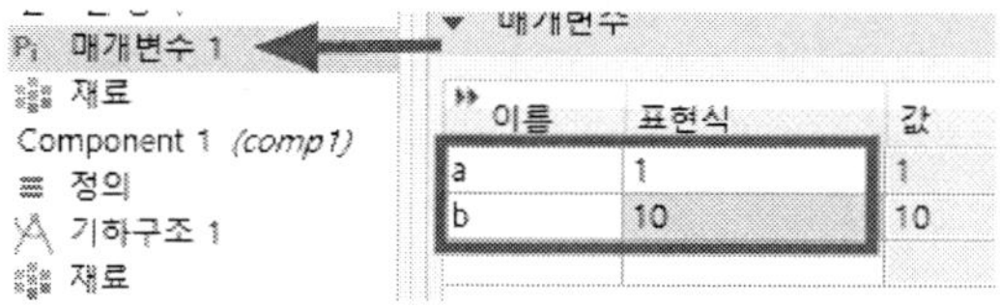

그림 1-9 매개변수 설정

1. (기하구조, Geometry) 해석 형상 입력

그림 1-10 : "기하구조"에서 "우측마우스"누르고 "원(Circle)" 선택

그림 1-11 : 구형 전자구름 형상 입력. 반원을 그리기 위하여 반지름(Radius)은 "a", 분호각(Sector Angle)은 "180", 회전(Rotation)은 "-90" 입력

그림 1-12 : 바깥 구 형상 입력. 반원을 그리기 위하여 반지름은 "b", 분호각은 "180", 회전은 "-90" 입력, "설정" 화면 상단의 "모든 개체 만들기(Build All Objects)" 누르면 형상 나타남.

그림 1-13 : "그래픽" 화면 상단의 "전체 보기(Zoom Extents)" 눌러 화면에 맞춰 보기.

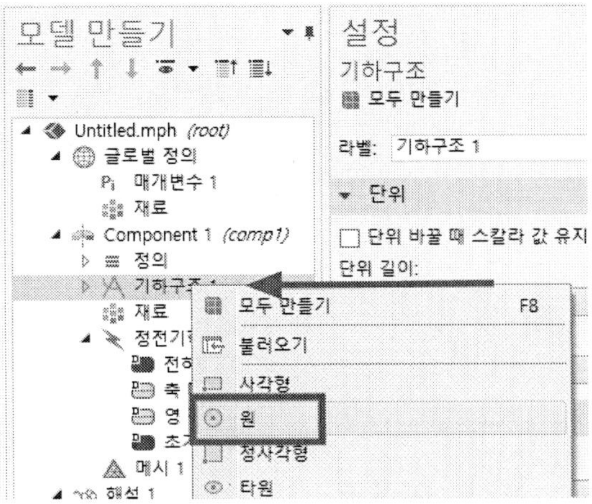

그림 1-10 형상 입력을 위해 원 선택

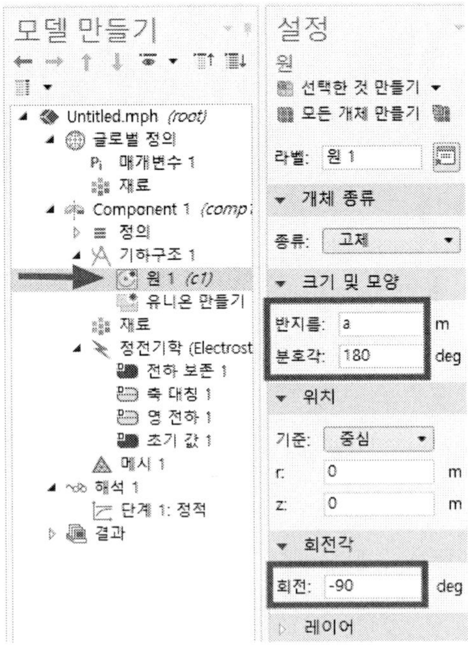

그림 1-11 전자구름 형상 입력

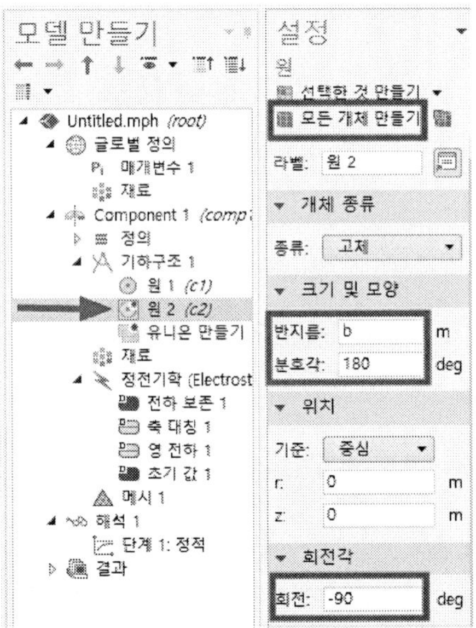

그림 1-12 바깥 구 형상 입력

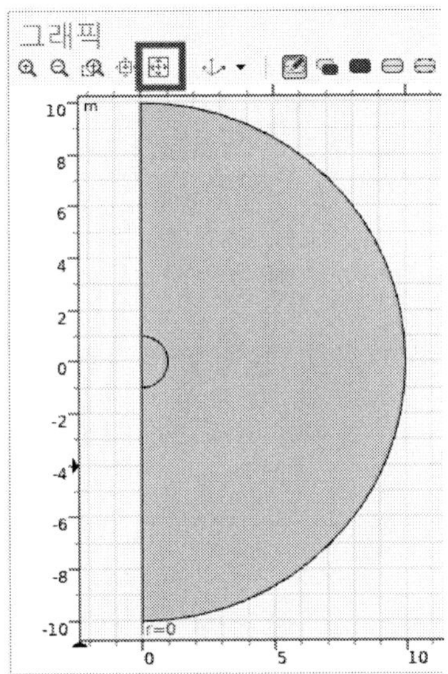

그림 1-13 해석 모델 형상

2. (재료, Materials) 재질 값 입력

해석 모델의 재질은 공기로 모델링한다. 그림 1-14에서 “재료 더하기(Add Materials)”를 누르면 우측에 화면이 생긴다. 우측 화면에서 “기본 재료”에서 “Air”를 “더블클릭”한다. 우측 화면은 "재료 더하기"를 다시 누르면 사라진다.

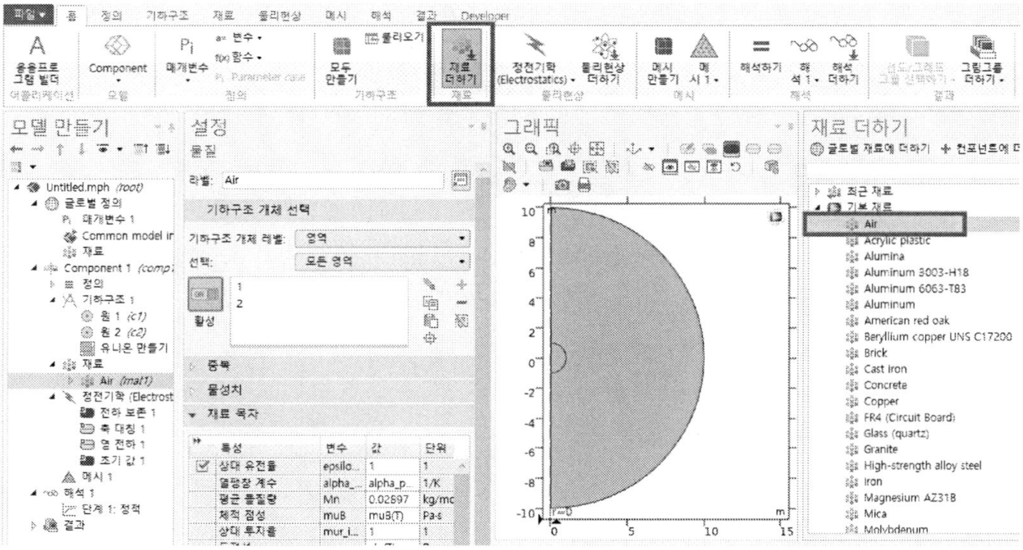

그림 1-14 재질 값 입력

3. (물리현상, Physics) 해석 조건 입력

그림 1-15 : "정전기학(Electrostatics)"에서 "우측 마우스"를 누르고 "공간 전하 밀도(Space Charge Density)" 선택

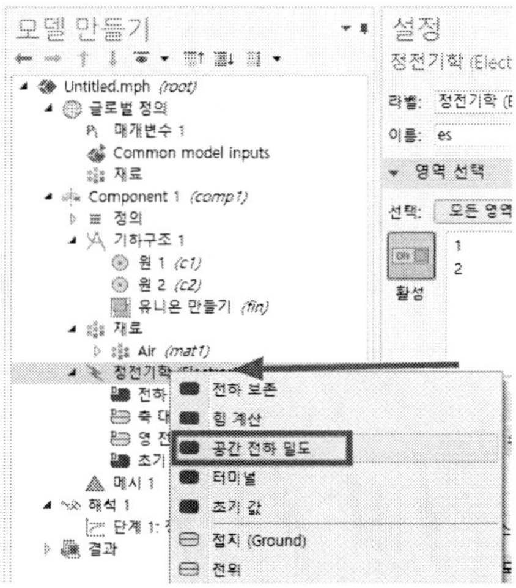

그림 1-15 공간 전하 밀도 입력

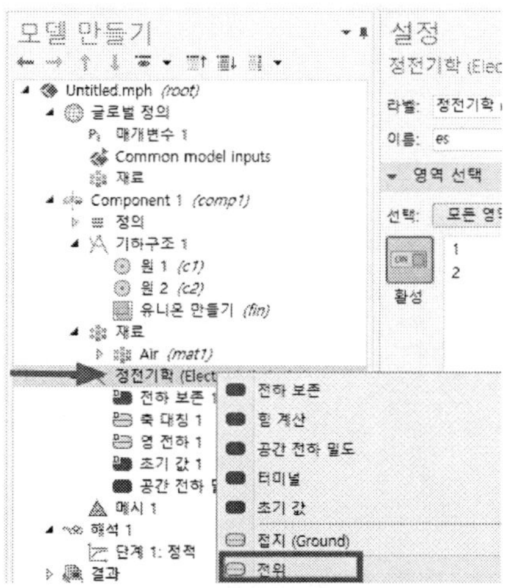

그림 1-16 외곽 전위 설정

그림 1-17 : 영역 2번을 마우스로 선택하고, 공간전하밀도 2.656e-9 입력

그림 1-16 : "정전기학"에서 "우측 마우스"를 누르고 "전위(Electric Potential)" 선택

그림 1-18 : 중심에서 먼 바깥쪽 원호 2개 선택, 전위를 0V로 정의

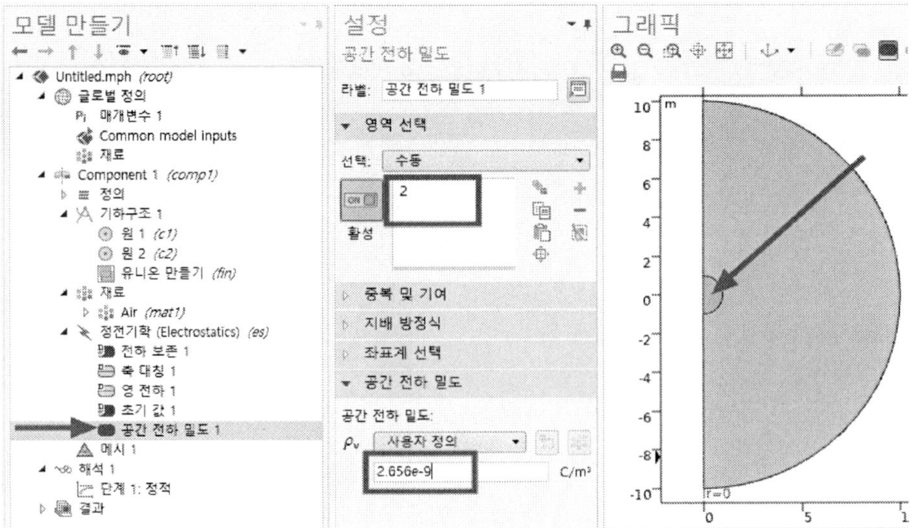

그림 1-17 공간 전하 밀도 입력

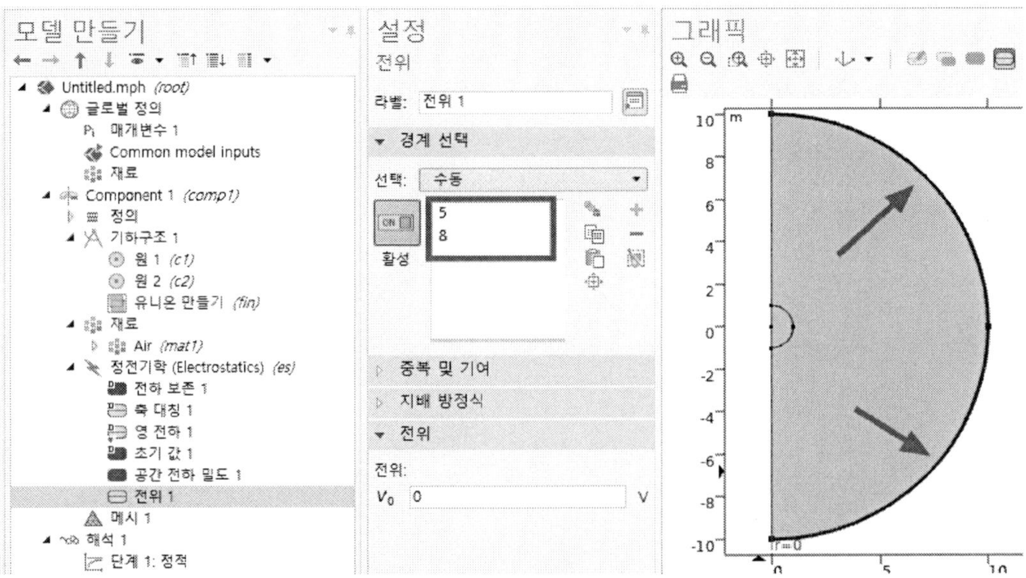

그림 1-18 외곽 전위 설정

4. (메시, Mesh) 요소망 생성

이 단계는 건너 뛰어도 자동으로 요소망을 생성하여 해석한다.

그림 1-19에서 "요소 크기"를 작게 하면 해석 정확도가 증가한다. 대신 미지수가 증가하여 해석시간도 증가한다.

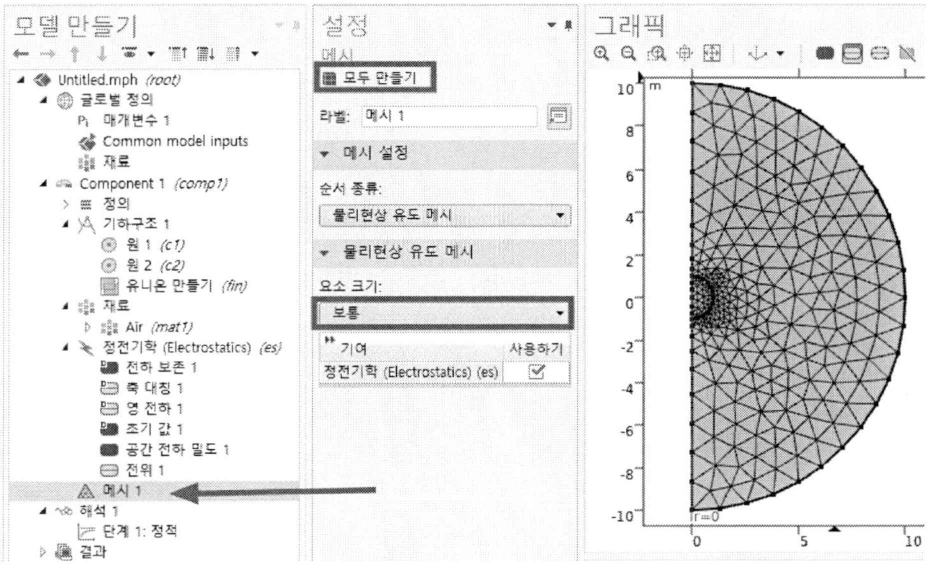

그림 1-19 요소망 생성

5. (해석, Study) 행렬 계산

그림 1-20 : "해석(Study)"에서 "우측 마우스" 누르고 "해석하기(Compute)" 선택

행렬계산을 위한 시간이 지나면 그림 1-21과 같은 결과가 나타난다. 그림 1-21은 전위 분포를 나타내고 있다.

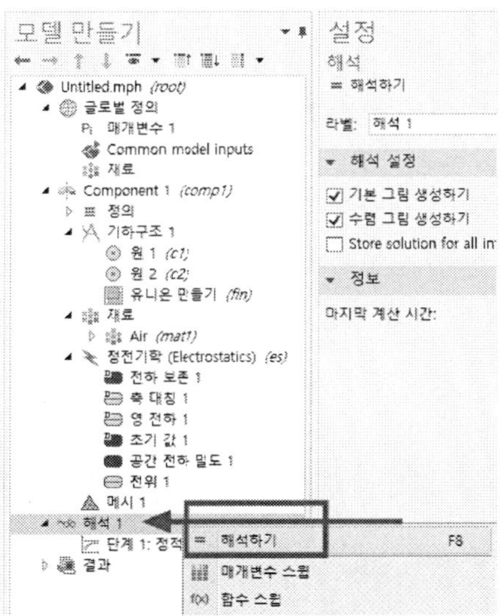

그림 1-20 해석 수행

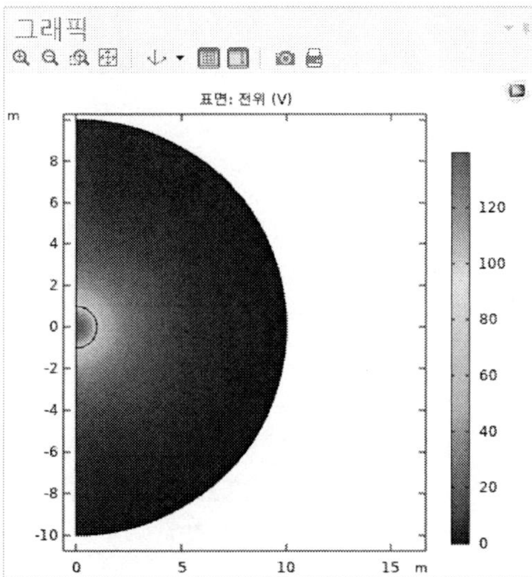

그림 1-21 해석 결과

6. (결과, Results) 해석 결과 확인

그림 1-22 : 그림 1-1과 같은 그래프를 그리기 위하여 컷라인을 정의한다. “결과(Results)” →“데이타 세트(Data Sets)”에서 “우측 마우스”를 누르고 “컷라인 2D(Cut Line 2D)” 선택

그림 1-23 : (0,0) - (b,0)으로 라인 설정, “설정(Settings)” 상단의 “그리기(Plot)” 누르면 화면에 표시됨

그림 1-24 : “결과(Results)”에서 “우측 마우스” 누르고 “1D 그림그룹(1D Plot Group)” 선택

그림 1-25 : “결과”→“1D 그림그룹”에서 “우측 마우스” 누르고 “선 그래프(Line Graph)” 선택

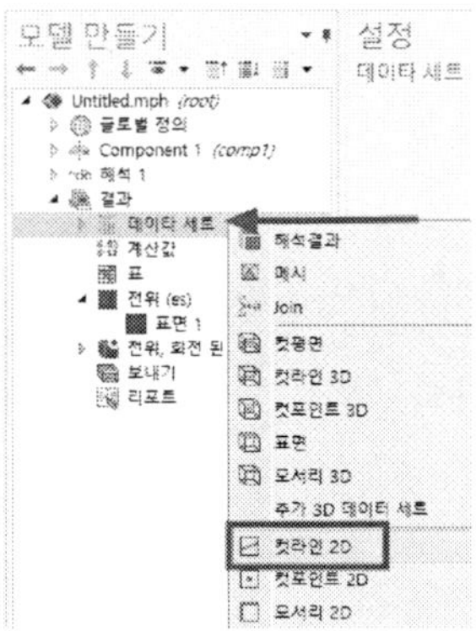

그림 1-22 컷라인 설정

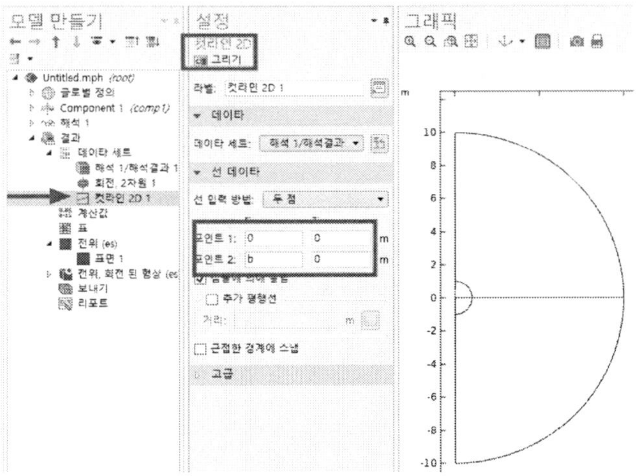

그림 1-23 컷라인 설정

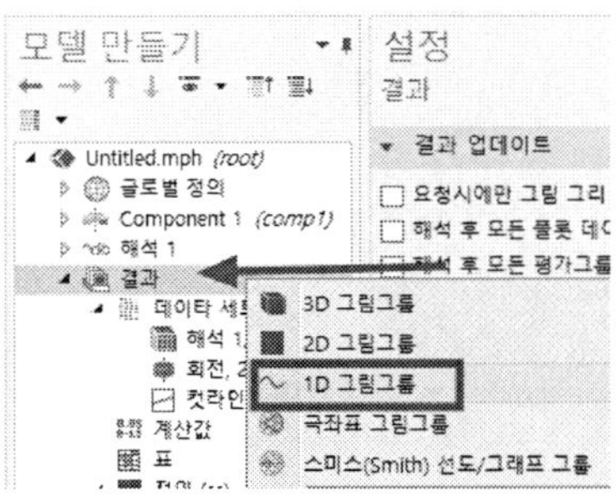

그림 1-24 1D 그림 그룹 설정

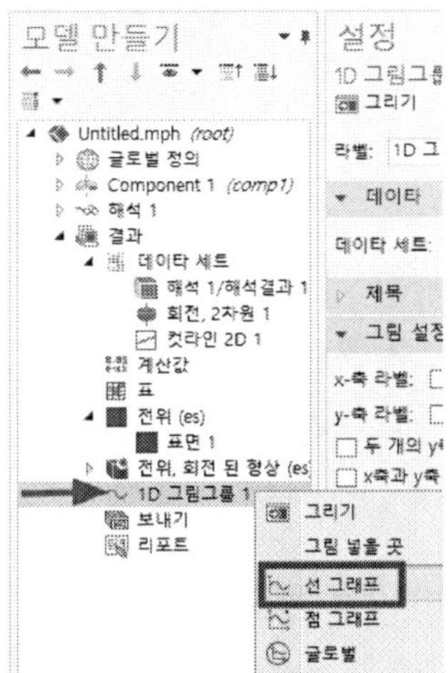

그림 1-25 선 그래프 선택

그림 1-26 : “결과”→“1D 그림그룹”→“선 그래프”의 설정 화면에서 “데이타 세트(Data Set)”를 “컷라인 2D 1”선택하고 “그리기(Plot)” 누름. 중심에서부터 바깥쪽으로 전압 분포를 나타내고 있음.

그림 1-27 : “설정”→“y-축 데이터(y-Axis Data)”에서 “표현식 바꾸기(Replace Expression)”를 누르고, “Component 1”→“정전기학”→“전기”→“전기장”→“es.Er-전기장,r성분”을 “더블클릭”하여 선택. “Type filter text”에서 “전기장”을 입력하여 찾아도 됨.

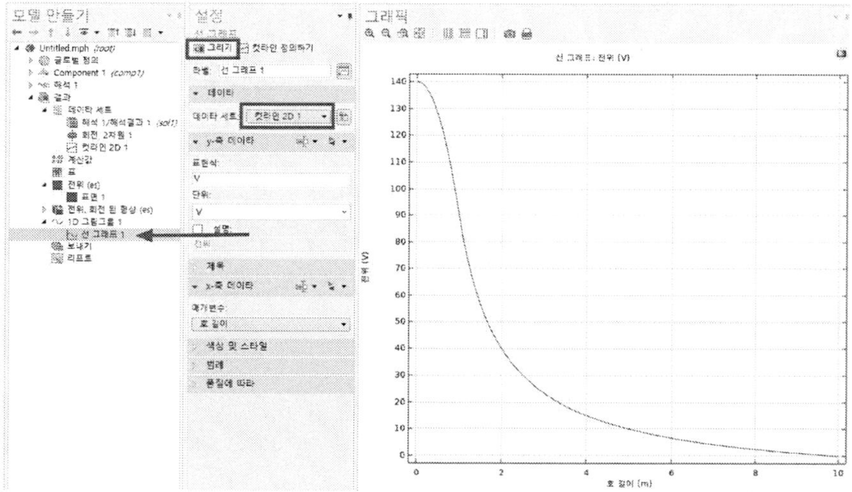

그림 1-26 전압 분포 곡선

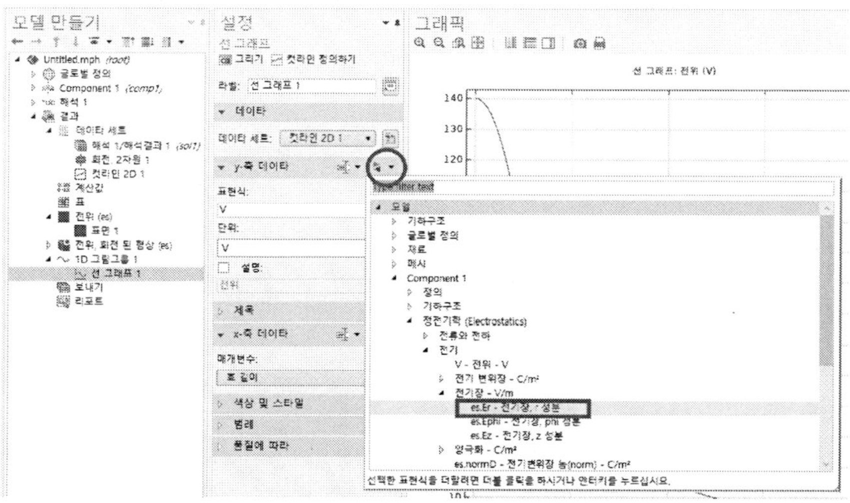

그림 1-27 전계의 세기 분포 곡선 선택 화면

그림 1-28 : "그리기" 버튼을 누르면 전계의 세기 곡선이 그려짐. 반지름(r)이 1m인 곳에서 전계의 세기가 약 100[V/m]인 것을 알 수 있음.

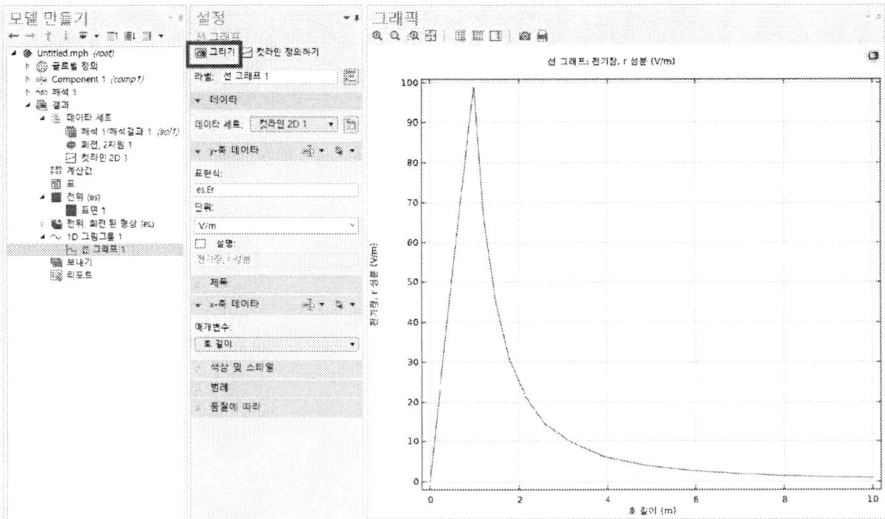

그림 1-28 전계의 세기 분포 곡선

고찰

1. 바깥 구의 반지름 b를 10[m]로 정하고 계산하였다. b의 크기가 변할 경우 해석 결과의 차이는?

2. 그림 1-18에서 외곽 전위 값을 $V_0 = 0\ [V]$로 설정하였다. 다른 값을 설정하는 경우 해석 결과의 차이는?

3. 그림 1-19에서 "요소 크기"를 "보통"으로 설정하였다. 요소 크기를 "미세하게(fine)" 또는 "굵게(coarse)"로 변화시키는 경우 해석 결과의 차이는?

실험 02 전기장의 수치해석

실험목적

> 예제를 통하여 전기장 이론을 학습한다.

《실습》1. 평판 커패시터의 전기장 해석 1

그림 2-1과 같은 면적 A, 두께 d인 평판 커패시터가 있다. 2차원 해석을 위하여 깊이 방향으로 무한히 길다고 가정하자. 두께 d=1[m], 폭 w=3[m], 아래 판은 접지 되어 있으며, 위 판의 전위가 1[V]이다. 유전체의 상대유전율이 10이라고 할 때, 전기장의 패턴과 정전용량을 구하시오.

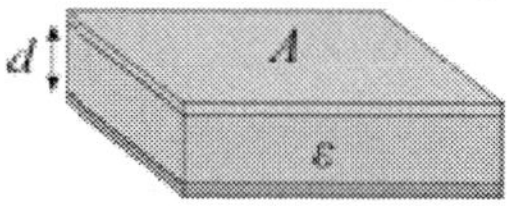 그림 2-1 해석모델	해석 조건 d = 1[m], w= 3[m] εr = 10	$C = \epsilon \frac{w}{d}\ [F/m]$ $= 2.656 \times 10^{-10}\ [F/m]$

① 모델마법사 → 2D → 물리현상 선택 (정전기학) → 해석 선택 (정적) 순으로 설정한다. (그림 2-2, 그림 2-3, 그림 2-4)

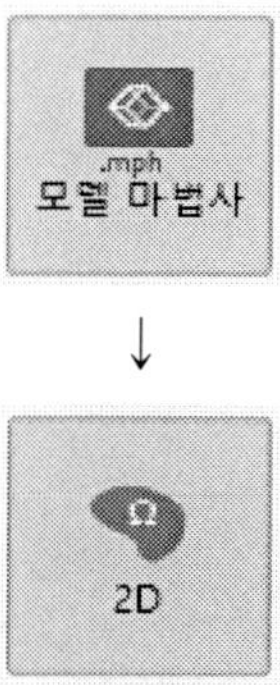

그림 2-2

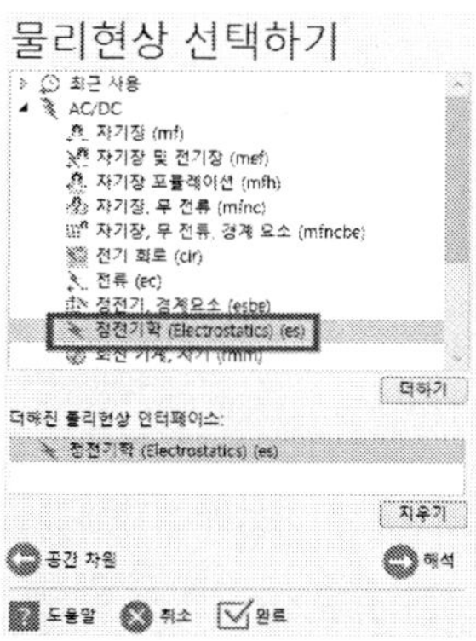

그림 2-3 물리현상 선택

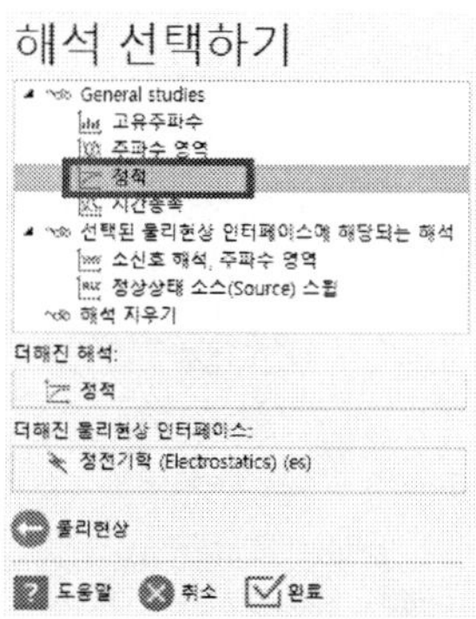

그림 2-4 해석 선택

② 높이 1[m], 폭 3[m]의 사각형을 그려서 커패시터를 모델링한다.

"모델만들기"의 "Component 1 → 기하구조 1"에서 우측마우스버튼, "사각형" 선택

"설정"에서 너비 (3), 높이(1), 위치→기준 (중심)으로 설정, (그림 2-5, 그림 2-6)

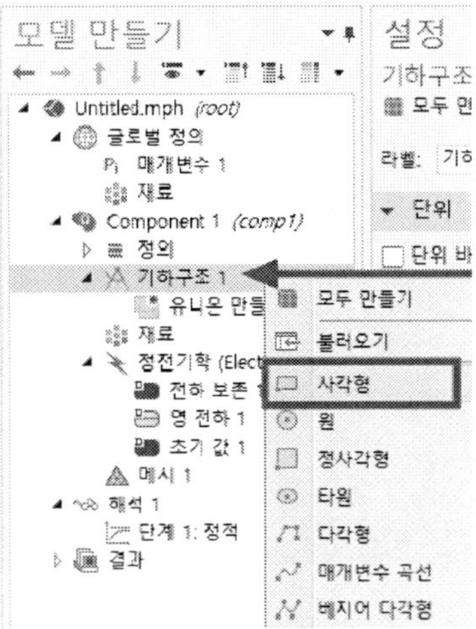

그림 2-5 사각형 선택

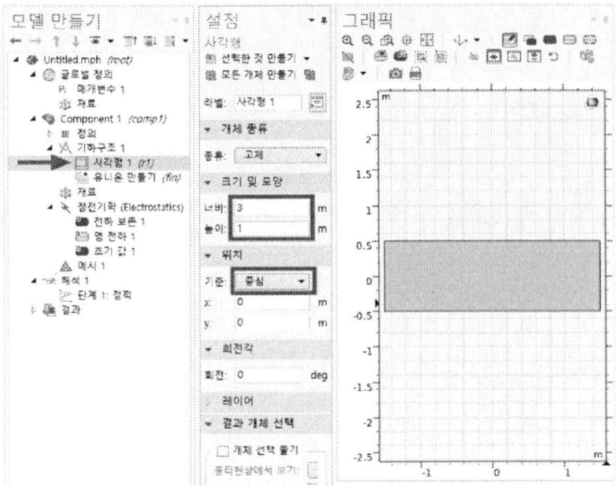

그림 2-6 사각형 크기 및 위치 입력

③ 재질 값인 상대 유전율 10을 설정한다.

"모델만들기"의 "Component 1 → 재료"에서 우측마우스버튼, "빈 재료" 선택

"설정"에서 상대유전율 (10)으로 설정, (그림 2-7, 그림 2-8)

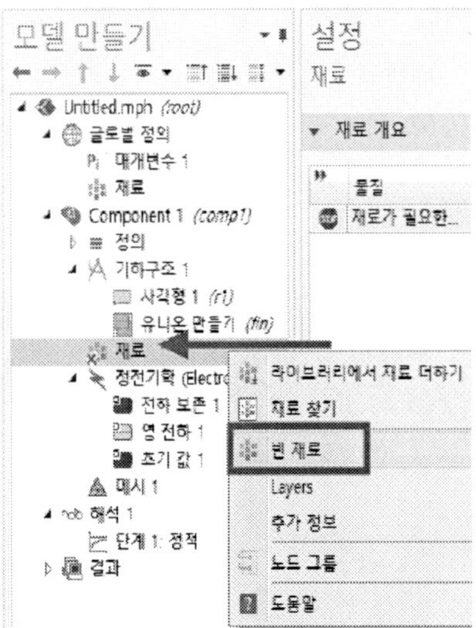

그림 2-7 재료 설정

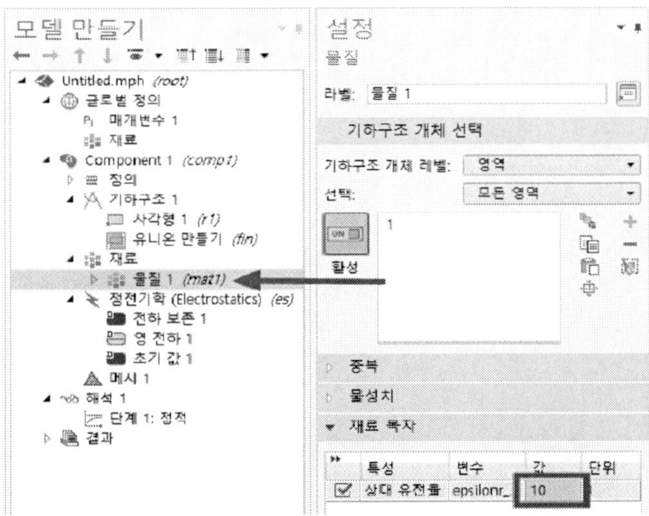

그림 2-8 상대 유전율 입력

④ 커패시터의 아래 판과 위 판의 전위를 각각 접지와 1[V]로 설정한다. 위 판은 정전용량 값을 계산하기 위하여 “터미널”로 설정한다.

“모델만들기”의 “Component 1 → 정전기학”에서 우측마우스버튼, “접지” 선택

“그래픽”에서 아래 판 선택, (그림 2-9, 그림 2-10)

“모델만들기”의 “Component 1 → 정전기학”에서 우측마우스버튼, “터미널” 선택

“터미널”이 면에 적용되는 것과 선에 적용되는 것이 있음. 선에 적용하는 것을 선택

“그래픽”에서 위 판 선택, “설정”에서 “터미널종류”를 “전압”으로 변경, (그림 2-11, 2-12)

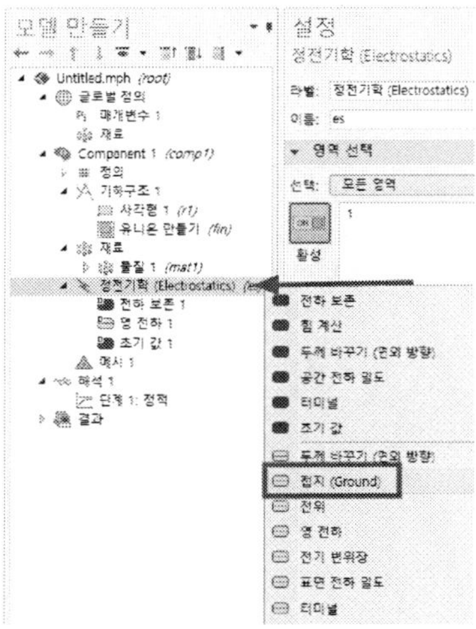

그림 2-9 접지 설정

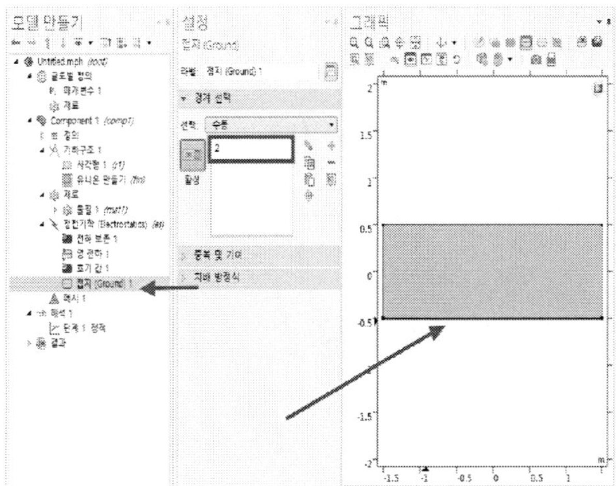

그림 2-10 접지 설정

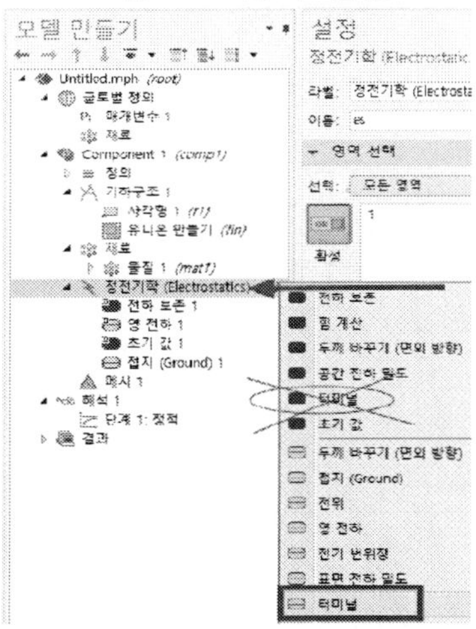

그림 2-11 터미널 설정

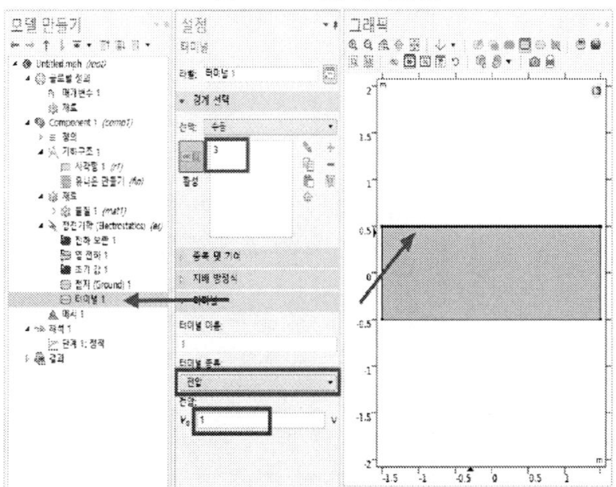

그림 2-12 터미널 설정

⑤ “모델만들기”의 “해석 1”에서 우측마우스버튼, “해석하기” 선택

⑥ 전기장 패턴 보기

“모델만들기”의 “결과 → 전위 → 표면 1” 선택

“설정”의 “표현식 바꾸기”을 선택한 후, 리스트에서 “es.normE” 선택 (그림 2-13)

“모델만들기”의 “결과 → 전위”에서 우측마우스버튼, “등선” 선택

“모델만들기”의 “결과 → 전위”에서 우측마우스버튼, “화살표 표면” 선택

“설정”에서 “그리기” 선택하면 그림 2-15와 같이 표현됨.

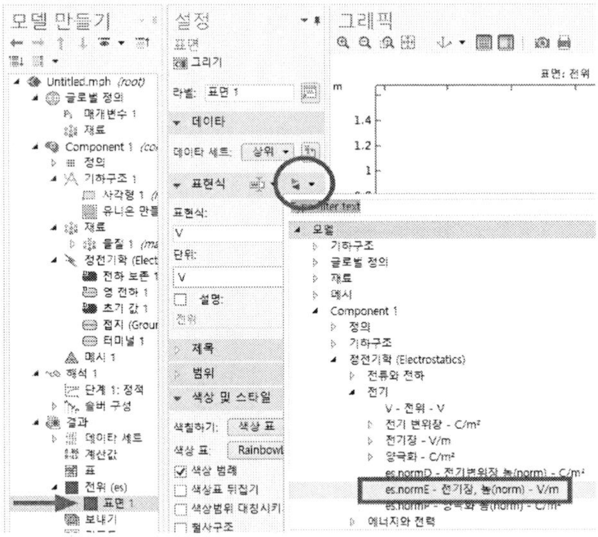

그림 2-13 전기장 그리기

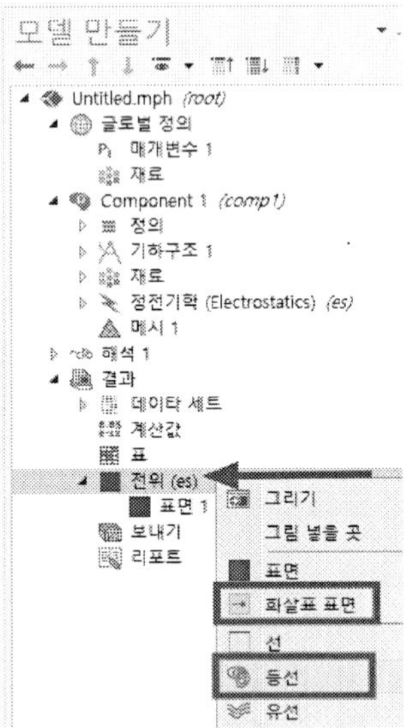

그림 2-14 등전위선 설정

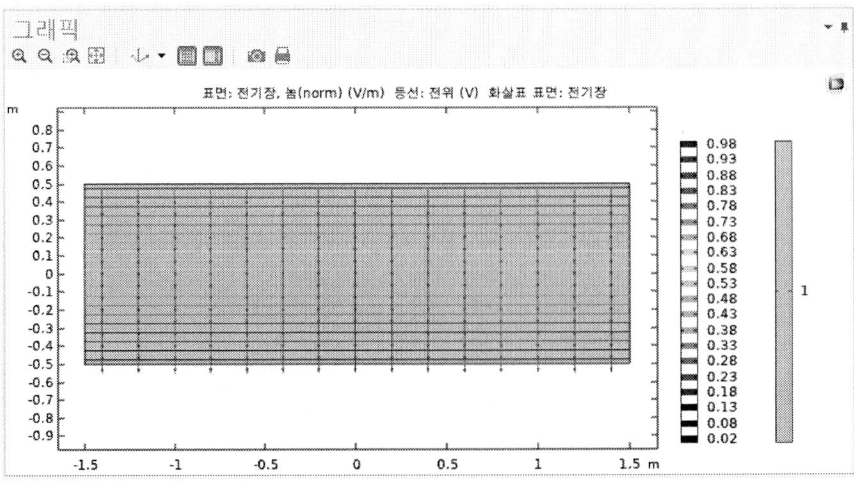

그림 2-15 전기장 및 등전위선 분포

⑦ 정전용량 및 총 전기에너지 계산

"모델만들기"의 "결과 → 계산값"에서 우측마우스버튼, "글로벌 계산" 선택

"설정"에서 "표현식 더하기" 선택한 후, 리스트에서 "es.C11" 선택 (그림 2-17)

"설정"에서 "표현식 더하기" 선택한 후, 리스트에서 "es.intWe" 선택 (그림 2-18)

"설정"에서 "계산하기" 선택하면, 정전용량과 총 전기에너지 값을 계산 (그림 2-19)

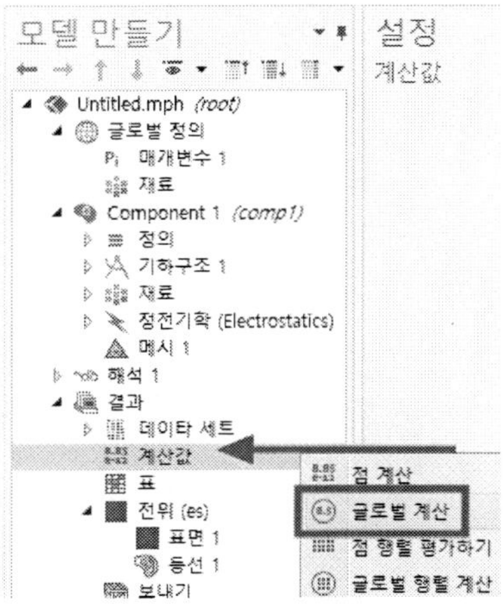

그림 2-16 글로벌 계산 선택

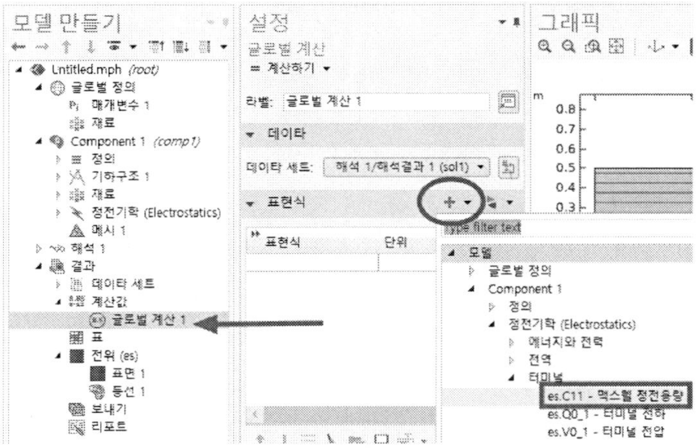

그림 2-17 정전용량 계산식 선택

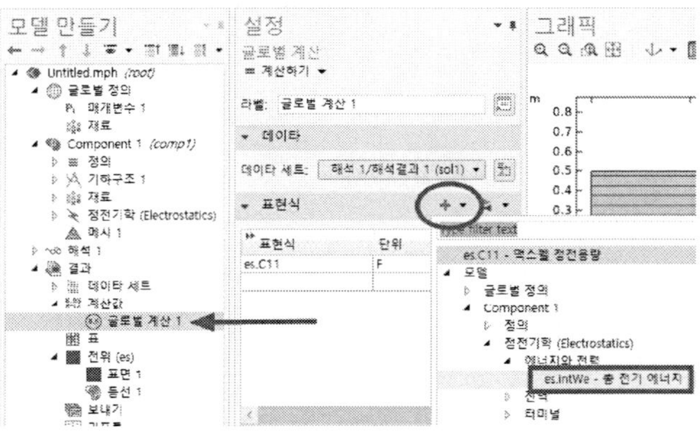

그림 2-18 총 전기 에너지 계산식 선택

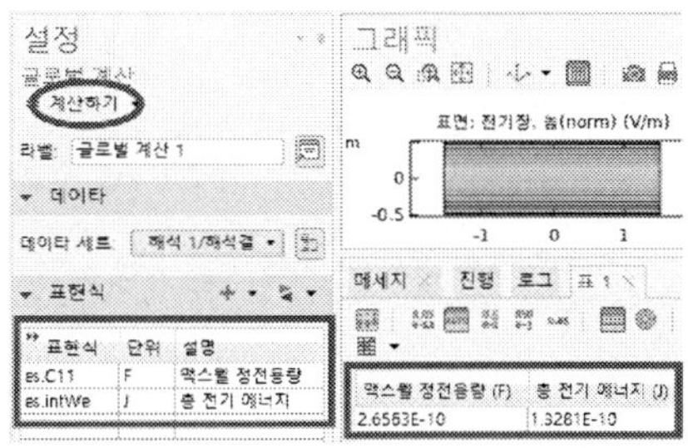

그림 2-19 정전용량 계산 결과

《실습》2. 평판 커패시터의 전기장 해석 2

평판 커패시터의 끝단의 효과를 살펴보기 위하여, 커패시터를 포함하는 공기 부분을 고려하여 해석하자. 실습1의 작업을 이어서 진행한다.

⑧ 커패시터를 포함하는 공기부분 원의 반지름은 5[m]로 한다.

"모델만들기"의 "Component 1 → 기하구조 1"에서 우측마우스버튼, "원" 선택

"설정"에서 반지름(5) 입력 (그림 2-20, 그림 2-21)

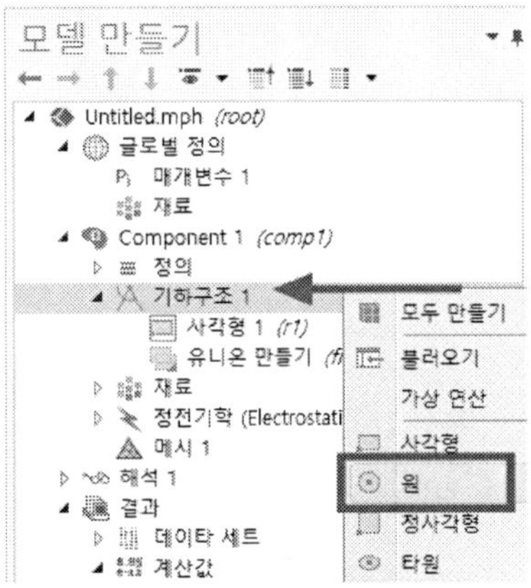

그림 2-20 원 선택

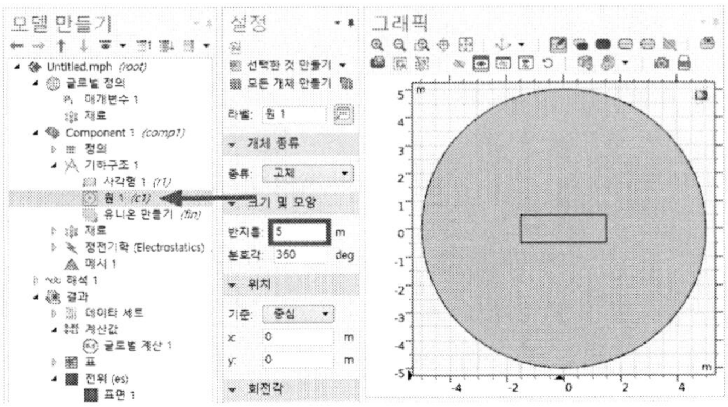

그림 2-21 원 설정

⑨ 바깥 공기 부분을 상대 유전율을 1로 설정한다. (그림 2-22)

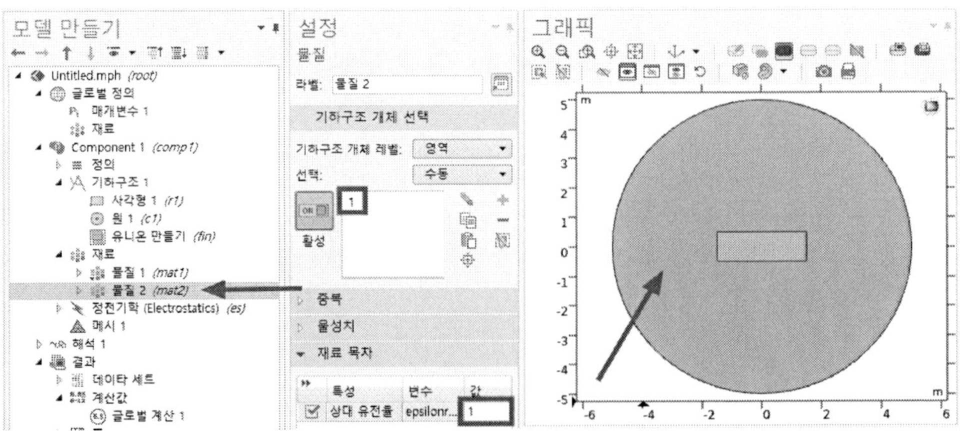

그림 2-22 매질 상수 설정

⑩ "모델만들기"의 "해석 1"에서 우측마우스버튼, "해석하기" 선택

⑪ 전기장 패턴 보기, 정전용량 및 총 전기에너지 계산

"모델만들기"의 "결과 → 전위"를 선택하면 전기장 패턴을 볼 수 있다. (그림 2-23)

"모델만들기"의 "결과 → 계산값 → 글로벌 계산 1"에서 "계산하기"를 선택하면 정전 용량의 값을 확인 할 수 있다. (그림 2-24)

그림 2-24에서 앞의 두 값은 (실습 1)의 결과이며, 뒤의 두 값은 (실습 2)의 결과이다.

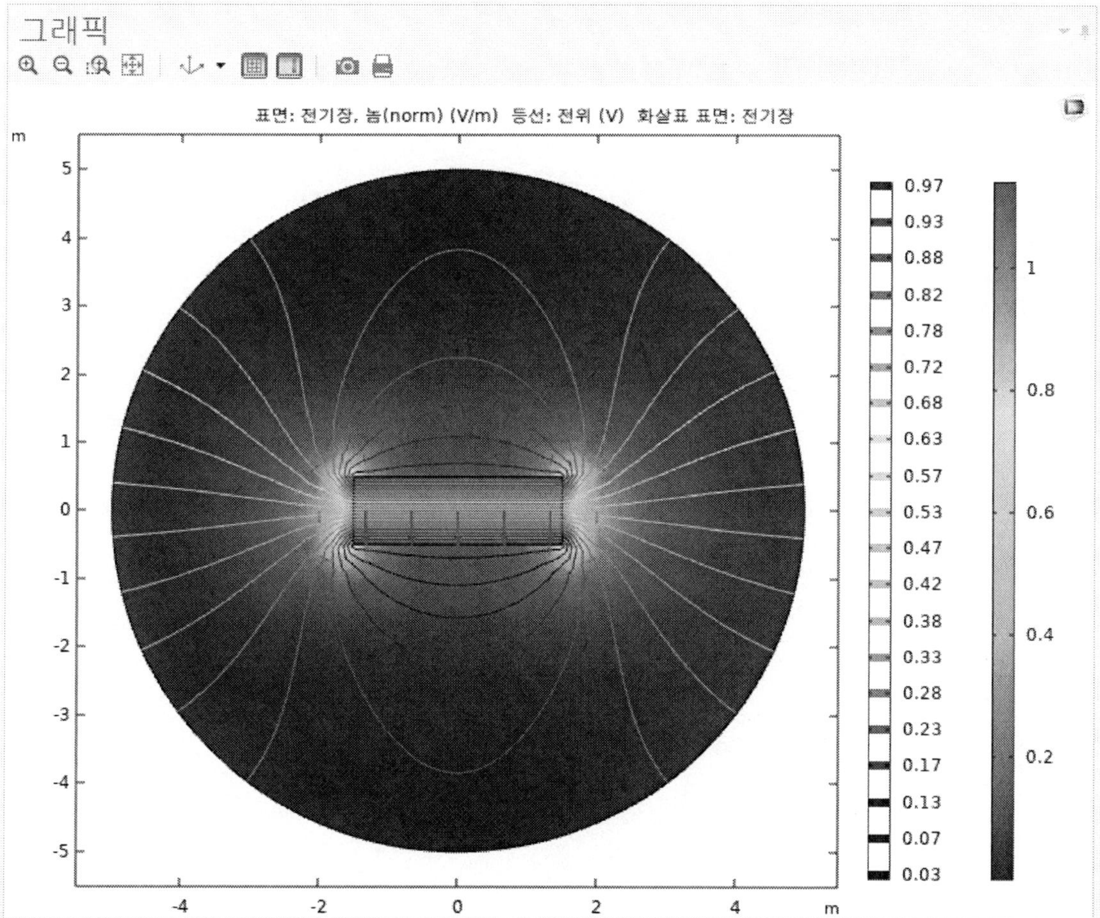

그림 2-23 전기장 및 등전위선 분포

맥스웰 정전용량 (F)	총 전기 에너지 (J)	맥스웰 정전용량 (F)	총 전기 에너지 (J)
2.6563E-10	1.3281E-10	2.7779E-10	1.3890E-10

그림 2-24 정전용량 계산 결과

⑪ 커패시터의 전기에너지 계산

"모델만들기"의 "결과 → 계산값"에서 우측마우스버튼, "적분" 선택 (그림 2-25)

"모델만들기"의 "결과 → 계산값 → 표면 적분 1" 선택

"설정"에서 "표현식 더하기" 선택한 후, 리스트에서 "es.We" 선택 (그림 2-26)

"설정"에서 "계산하기" 선택하면, 전기에너지 밀도의 적분값 계산 : 1.3283E-10 [J/m]

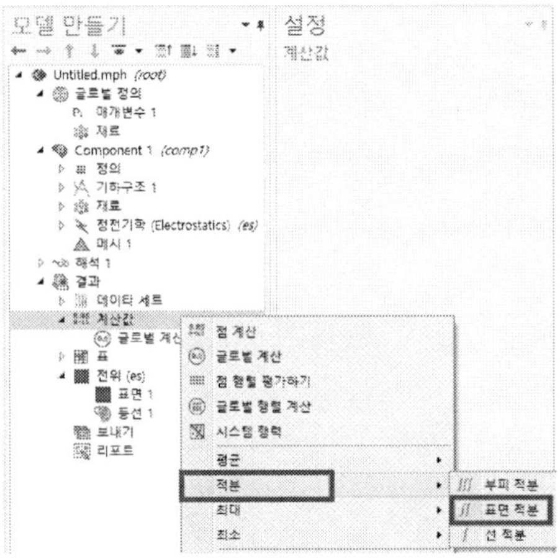

그림 2-25 적분 선택

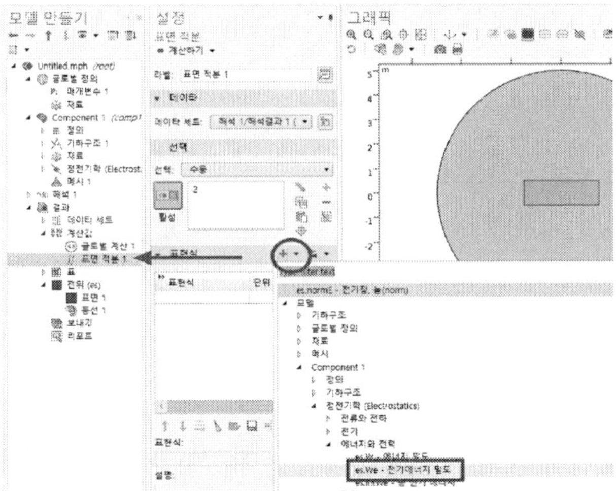

그림 2-26 전기에너지 밀도 선택

실험 관련 기초 이론

[1] Gauss법칙을 사용하여 선전하밀도를 갖는 무한히 긴 선전하, 면전하밀도를 갖는 무한 판전하, 체적전하밀도를 갖는 구형 전하구름의 전계의 세기 E를 구하시오.

[2] 유전율 (수식을 통해 의미를 유도)

[3] 평판 커패시터, 원통 커패시터의 정전용량 수식을 유도하시오.

평가

(1) 상대유전율이 10과 2.5로 서로 다른 유전체가 옆으로 나란히 있는 경우에 대해 계산하시오.

기하구조	전기장 및 등전위선 분포 (실습 1)
[$\epsilon_r = 10$ | $\epsilon_r = 2.5$]	
전기장 및 등전위선 분포 (실습 2)	**정전용량 및 총 전기에너지**

(2) 상대유전율이 10과 2.5로 서로 다른 유전체가 위, 아래로 나란히 있는 경우에 대해 계산하시오.

기하구조	전기장 및 등전위선 분포 (실습 1)
$\epsilon_r = 2.5$ $\epsilon_r = 10$	

전기장 및 등전위선 분포 (실습 2)	정전용량 및 총 전기에너지

(3) 상대유전율이 10인 유전체 중심에 반지름 0.2의 공기(void)가 있는 경우에 대해 계산하시오.

기하구조	전기장 및 등전위선 분포 (실습 1)
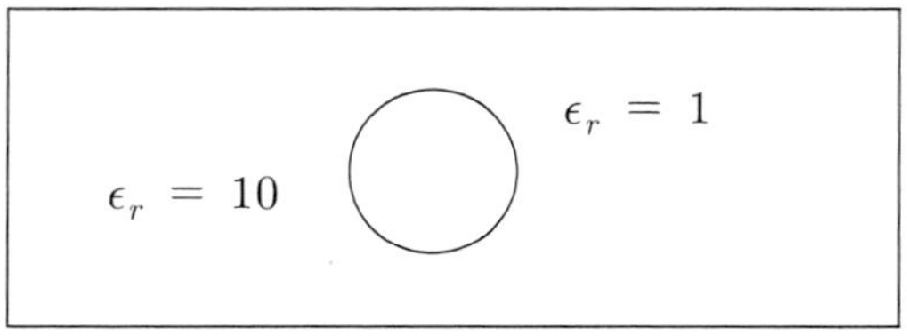	
전기장 및 등전위선 분포 (실습 2)	정전용량 및 총 전기에너지

3. 결론 (과제를 통한 각각의 실습에 대한 고찰 및 참고문헌)

평가1

평가2

평가3

4. 고찰

5. 참고문헌

실험 03

자기장의 수치해석

실험목적

> 예제를 통하여 자기 회로와 자기장 이론을 학습하고 총 자기 에너지, 코일의 인덕턴스 및 자성체에 작용하는 자기력을 계산한다.

《실습》1. 공극이 없는 철심과 코일의 자기장 해석

그림 3-1과 같이 깊이 방향 깊이 10 cm인 철심에 코일이 감겨 있다. 철심의 비투자율은 $\mu_r = 4{,}000$, 코일 전류는 $I = 1.2[A]$, 턴수는 500회이다. 자기장의 패턴과 총 자기 에너지, 코일의 인덕턴스를 구하시오.

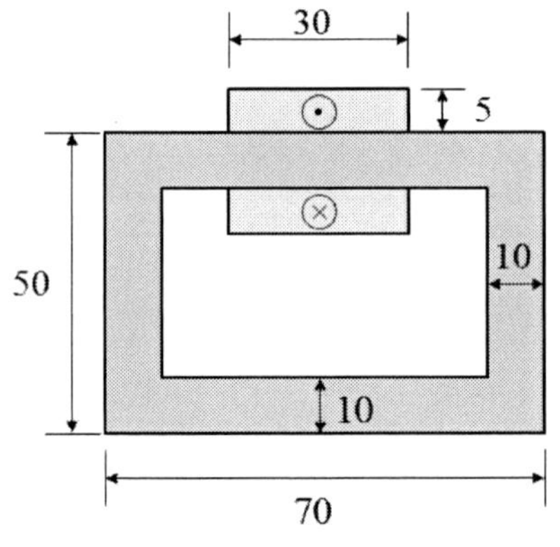

그림 3-1 철심에 코일이 감겨 있는 자기회로 모델 (단위: cm)

① 모델마법사 → 2D → 물리현상 선택 (자기장) → 해석 선택 (정적) 순으로 설정 한다. (그림 3-2, 그림 3-3, 그림 3-4)

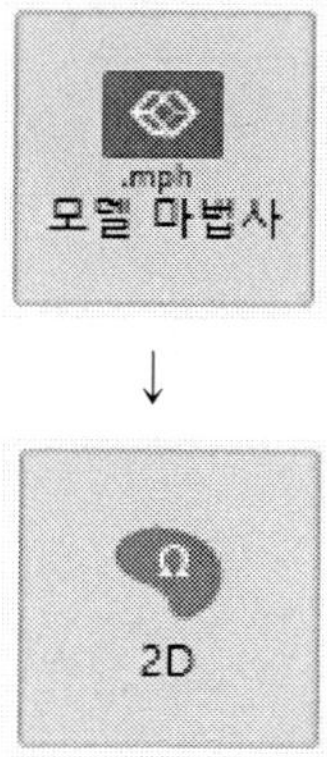

그림 3-2

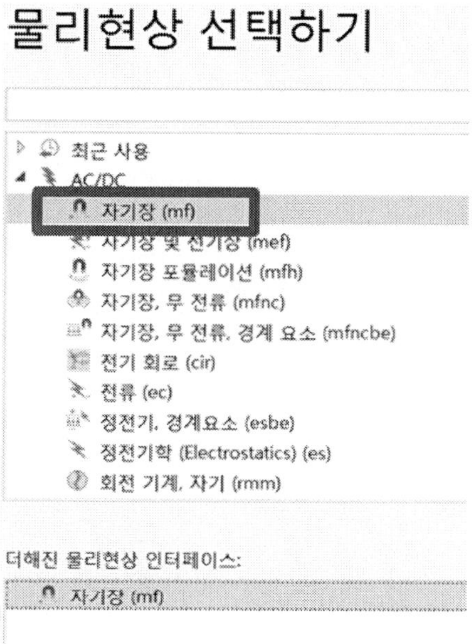

그림 3-3 물리현상 선택

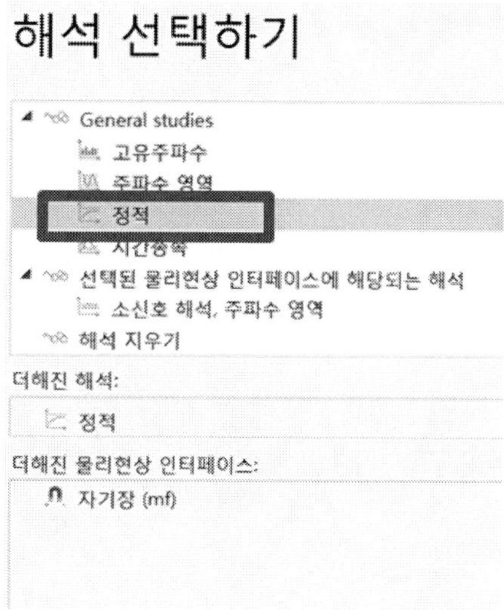

그림 3-4 해석 선택

② "글로벌 정의 → 매개변수 1"을 선택하고, 설정 화면에서 d=0.1[m]의 값을 입력한다 (d는 모델의 화면방향 깊이를 의미). 그림 3-5의 네모 상자를 참조한다.

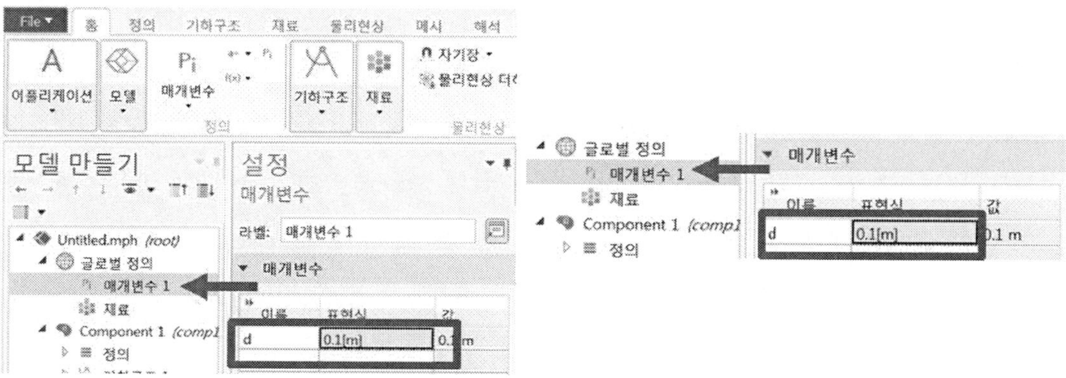

그림 3-5 매개변수 입력

③ 모델의 치수단위를 [cm]로 변경하기 위해 "모델만들기"의 "Component 1 → 기하구조 1"을 선택하고, "설정" 화면에서 "단위 길이"를 "cm"로 선택한다. (그림 3-6)

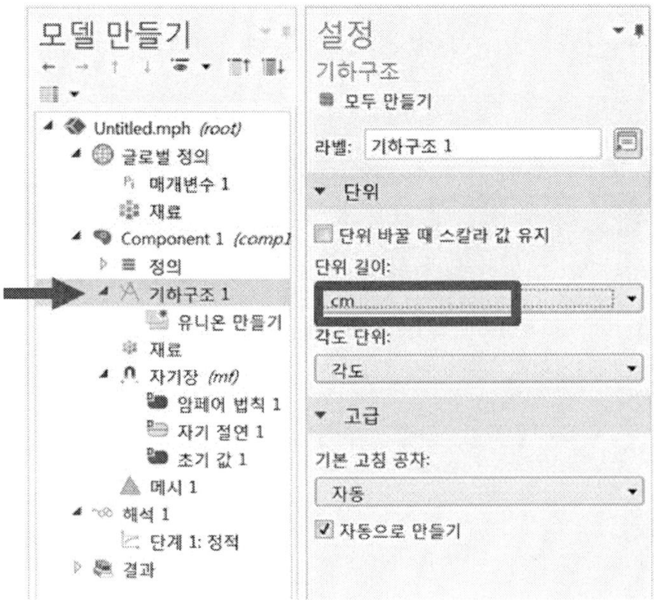

그림 3-6 단위 길이 변경

④ 모델링의 편의상 그림 3-1의 자기회로 모델의 철심부분은 4개의 사각형으로 나누어 그린다. 모델은 전체 해석영역과 철심, 코일 부분을 포함하여 총 7개의 사각형으로 구성한다. 첫 번째 사각형 1을 입력하는 방법은 다음과 같다. "모델만들기"의 "Component 1 → 기하구조 1"에서 우측마우스버튼, "사각형" 선택. "설정"에서 너비(70), 높이(10), 위치→기준 (중심), x (0), y (20)으로 설정 (그림 3-7, 그림 3-8). 나머지 사각형 2~7도 표 3-1을 참고하여 입력한다. 사각형 7까지 입력한 후 "설정" 화면 상단의 "모든 개체 만들기(Build All Objects)"를 누르고 "그래픽" 화면 상단의 "전체보기(Zoom Extents)"를 누르면 전체 모델형상이 그림 3-9와 같이 나타난다.

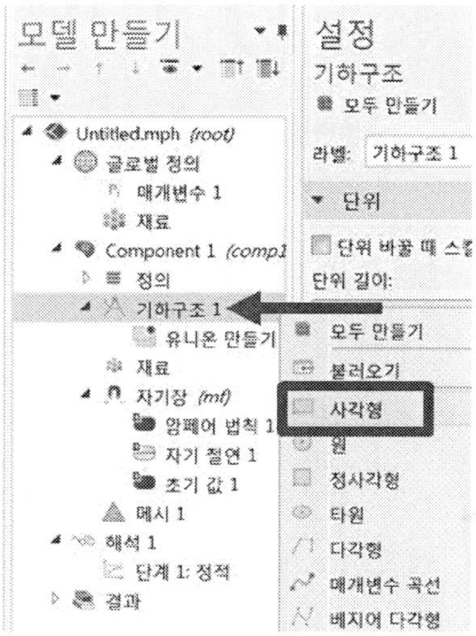

그림 3-7 사각형 선택

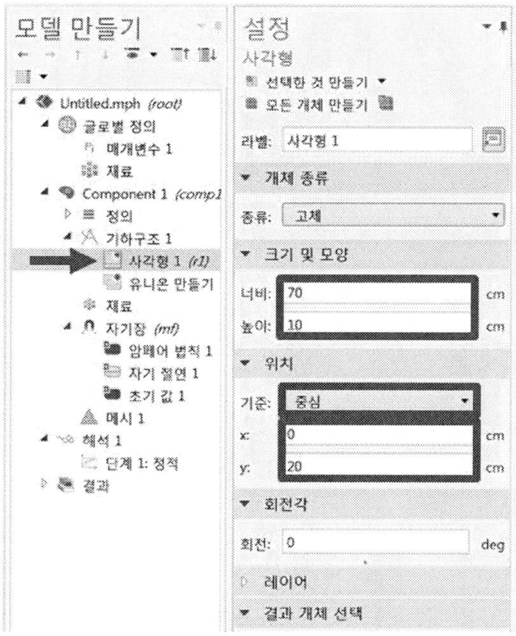

그림 3-8 사각형 크기 및 위치 입력

표 3-1 철심과 코일 모델링을 위한 사각형 크기 및 위치

	너비	높이	위치 기준	위치 x	위치 y	참고
사각형 1	70	10	중심	0	20	위쪽 철심
사각형 2	70	10	중심	0	-20	아래쪽 철심
사각형 3	10	30	중심	30	0	오른쪽 철심
사각형 4	10	30	중심	-30	0	왼쪽 철심
사각형 5	30	5	중심	0	12.5	아래쪽 코일
사각형 6	30	5	중심	0	27.5	위쪽 코일
사각형 7	175	175	중심	0	0	전체 해석영역

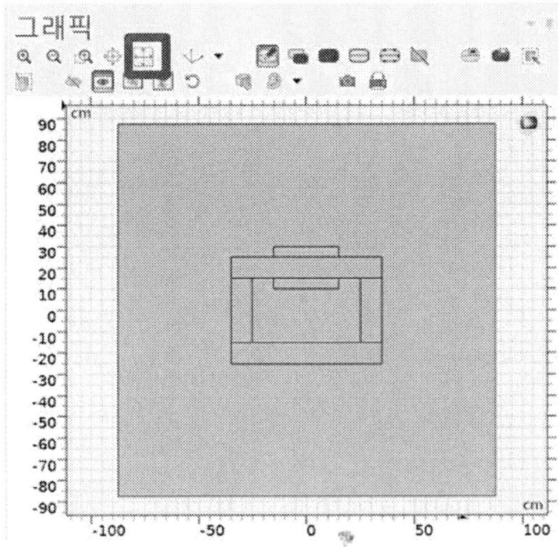

그림 3-9 해석 모델 형상

⑤ 모델에 필요한 재료를 추가한다.

"재료 더하기(Add Materials)"를 누르면 우측에 화면이 생긴다. 우측 화면에서 "기본 재료"에서 "Air"를 "더블클릭"한다 (그림 3-10). 다음으로 "기본 재료"에서 "Copper"와 "Iron"을 각각 "더블클릭"한다. 우측 화면은 "재료 더하기"를 다시 누르면 사라진다.

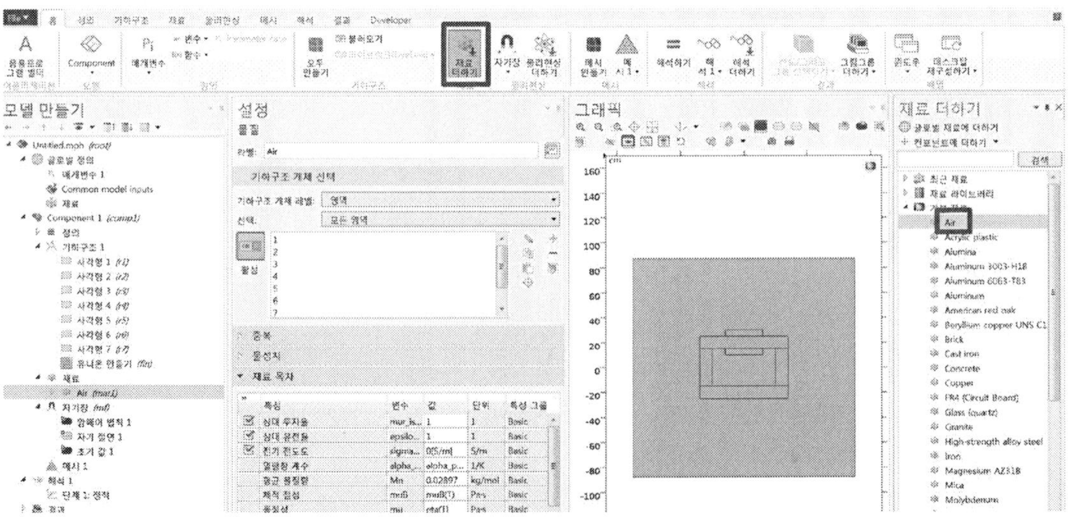

그림 3-10 재료 추가

⑥ 모델의 재질을 설정한다.

위와 같이 재료를 추가하면 모든 영역이 기본적으로 "Air"로 설정된다. "Component 1

→ 재료 → Copper"를 선택하고 "그래픽" 화면에서 코일 영역(6,7)을 마우스로 선택한다 (그림 3-11). 다음 "Component 1 → 재료 → Iron"을 선택하고 철심 영역(2,3,4,8)을 마우스로 선택한다. "Iron"을 선택했을 때 "설정" 화면의 "상대 투자율"이 4,000으로 되어 있는지 확인한다 (그림 3-12).

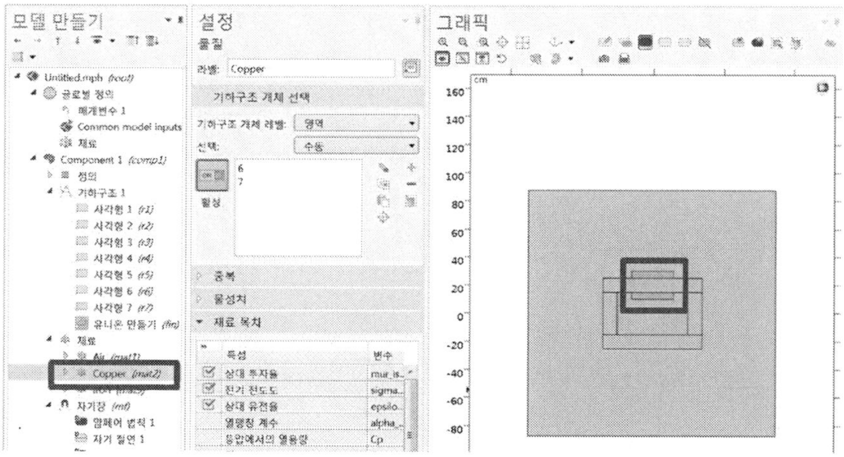

그림 3-11 코일 영역 "Copper" 재료 설정

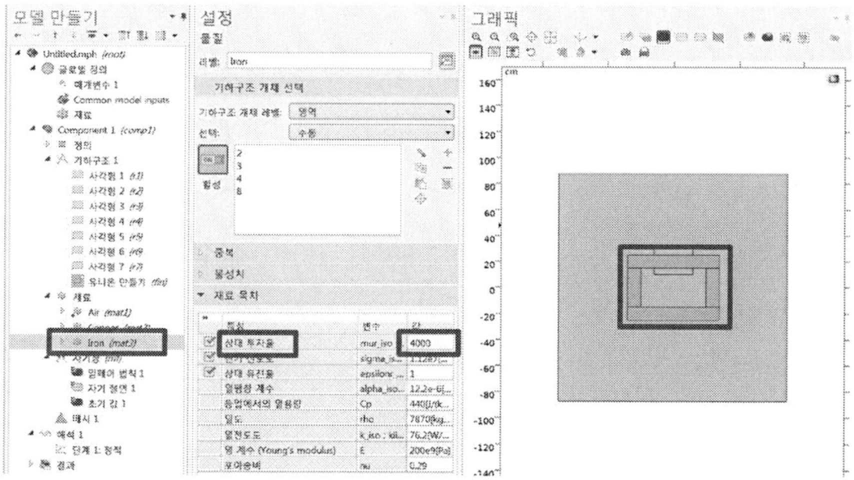

그림 3-12 철심 영역 "Iron" 재료 설정

⑦ 해석 모델의 화면 방향 두께를 설정한다.

"Component 1 → 자기장"을 선택하고 "설정" 화면에서 "두께 → 면외 두께"에 "d"를 입력한다 (그림 3-13). 여기서 d의 값은 ②의 "매개변수 1"에서 입력한 0.1[m]이다.

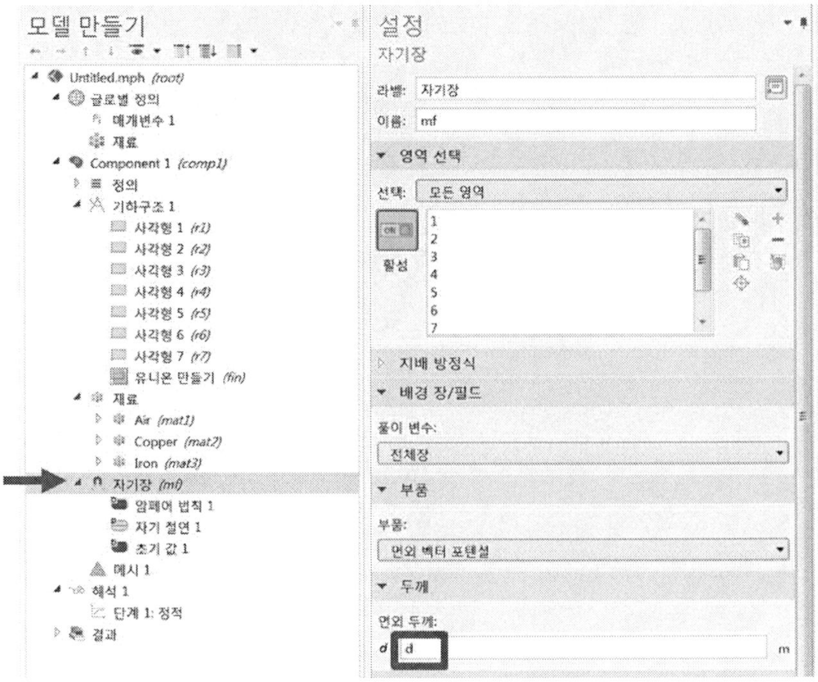

그림 3-13 모델 두께 설정

⑧ 코일의 전류를 1.2[A], 턴수를 500회로 설정한다.

"모델만들기"의 "Component 1 → 자기장"에서 우측마우스버튼, "코일" 선택. "코일"이 면에 적용되는 것과 선에 적용되는 것이 있음. 면에 적용하는 것을 선택하고 "그래픽"에서 코일 영역 선택. "설정"에서 "도체 모델"을 "다회전 균질화"로 변경하고 "코일 그룹"에 체크, "코일 전류"에 "1.2[A]" 입력, "감긴 횟수"에 "500" 입력 (그림 3-14, 그림 3-15).

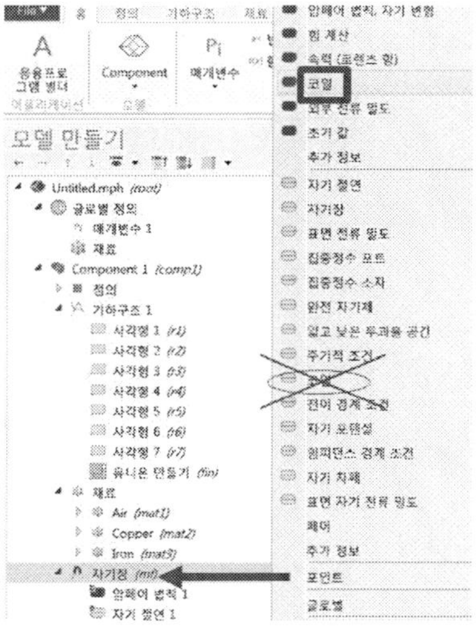

그림 3-14 코일 선택

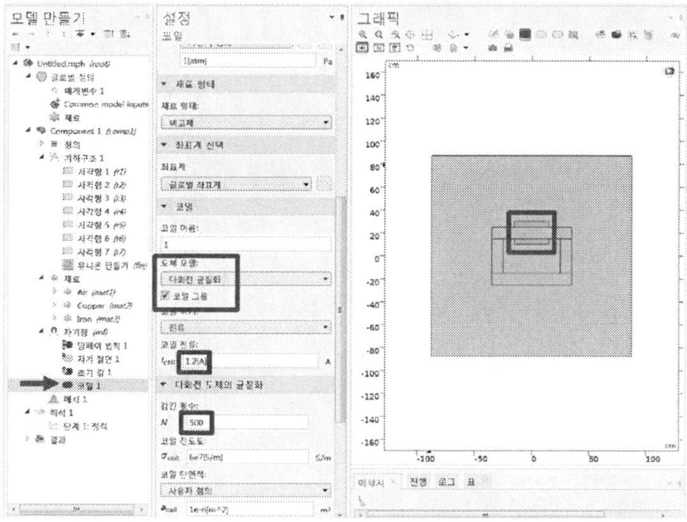

그림 3-15 코일 전류와 턴수 설정

⑨ 코일의 전류 방향을 설정한다.

"모델만들기"의 "Component 1 → 자기장 → 코일 1"에서 우측마우스버튼, "전류 역방향" 선택하고 "그래픽"에서 <u>아래쪽 코일 영역(6)만</u> 선택 (그림 3-16, 그림 3-17).

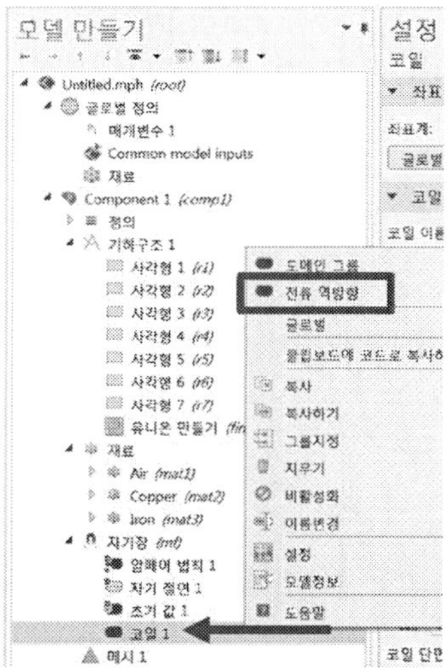

그림 3-16 전류 역방향 선택

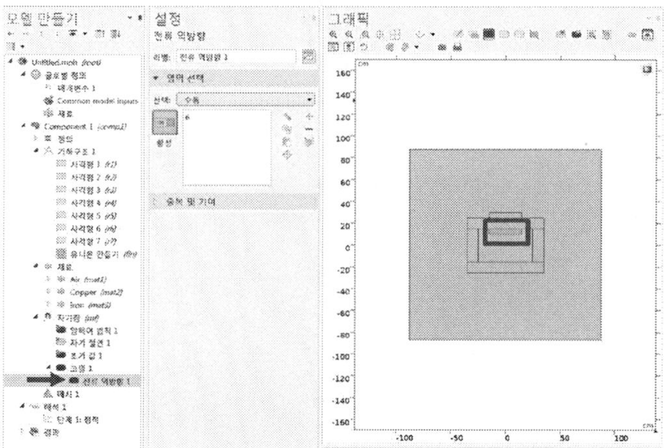

그림 3-17 전류 역방향 설정

⑩ "모델만들기"의 "해석 1"에서 우측마우스버튼, "해석하기" 선택

⑪ 자속 밀도 패턴 보기

"모델만들기"의 "결과 → 자속 밀도 놈(norm)"에서 우측마우스버튼, "화살표 표면" 선택("화살표 선" 아님), "결과 → 자속 밀도 놈(norm) → 화살표 표면 1"에서 우측마우스버튼, "선택" 클릭하고 "그래픽"에서 철심 영역(2,3,4,8) 선택 (그림 3-18, 그림 3-19, 그림 3-20). "결과 → 자속 밀도 놈(norm) → 화살표 표면 1" 선택하고 "설정"에서 "비례 계수"에 체크하고 값 "2.5" 입력 (그림 3-21). "설정"에서 "그리기" 선택하면 그림 3-22와 같이 표현됨.

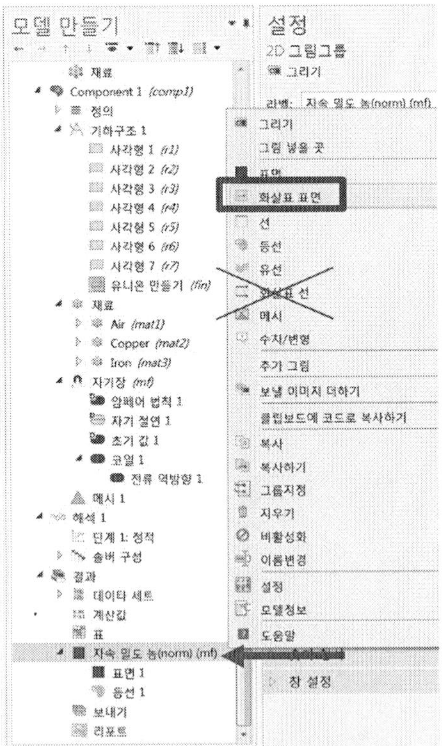

그림 3-18 자기장 그리기

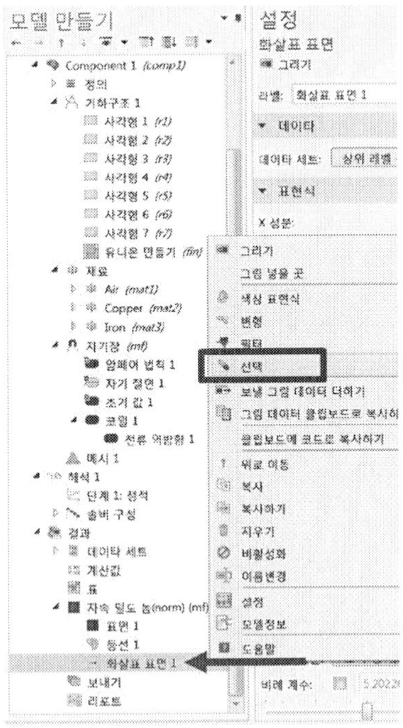

그림 3-19 자기장 그리기

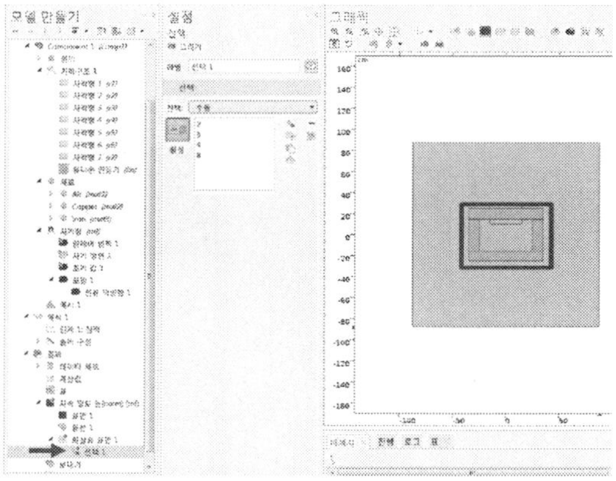

그림 3-20 자기장 그리기

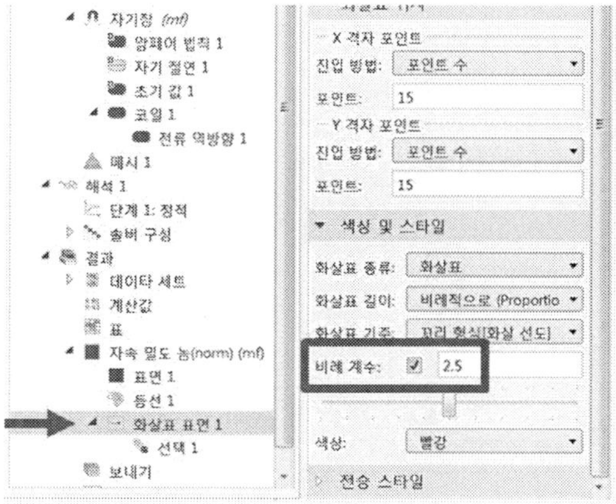

그림 3-21 자기장 그리기

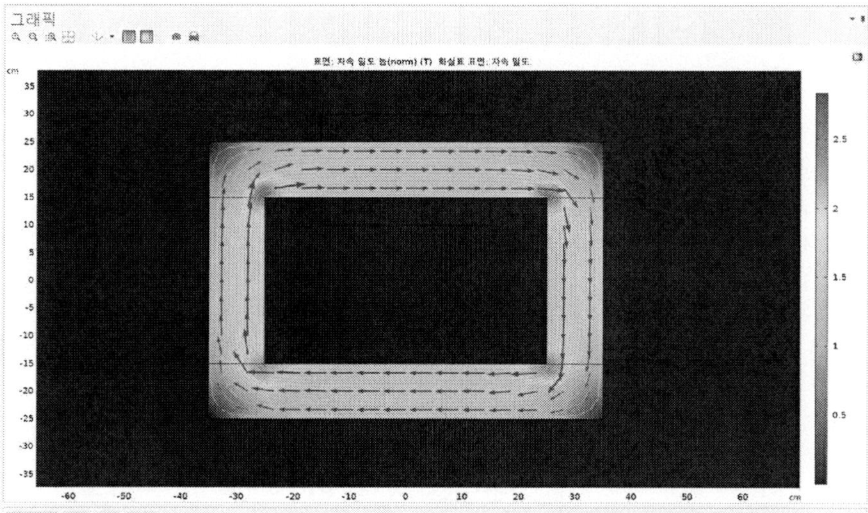

그림 3-22 자속밀도 분포

⑫ 코일 인덕턴스 및 총 자기에너지 계산

"모델만들기"의 "결과 → 계산값"에서 우측마우스버튼, "글로벌 계산" 선택

"설정"에서 "표현식 더하기" 선택한 후, 리스트에서 "mf.LCoil_1"를 "더블클릭"하여 선택 (그림 3-24)

"설정"에서 "표현식 더하기" 선택한 후, 리스트에서 "mf.intWm" 선택 (그림 3-25)

"설정"에서 "계산하기" 선택하면, 인덕턴스와 총 자기에너지 값을 계산 (그림 3-26)

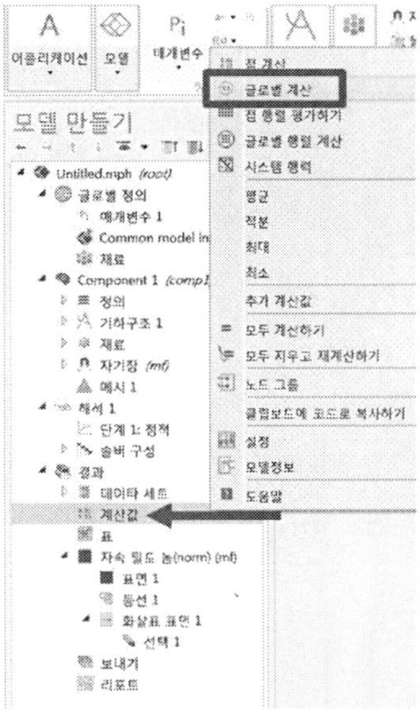

그림 3-23 글로벌 계산 선택

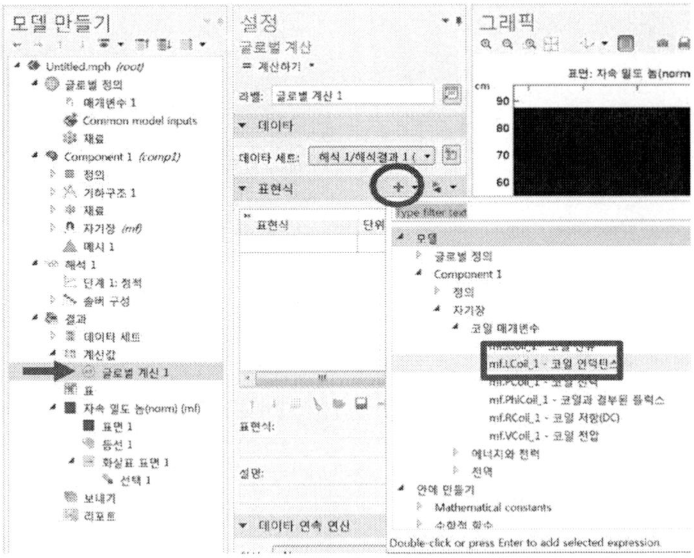

그림 3-24 인덕턴스 계산식 선택

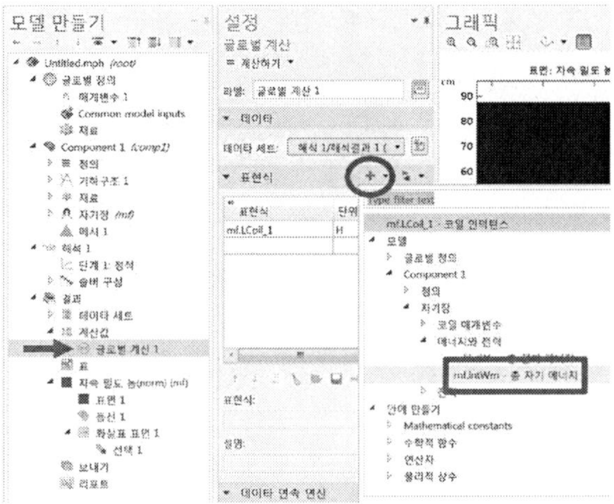

그림 3-25 총 자기 에너지 계산식 선택

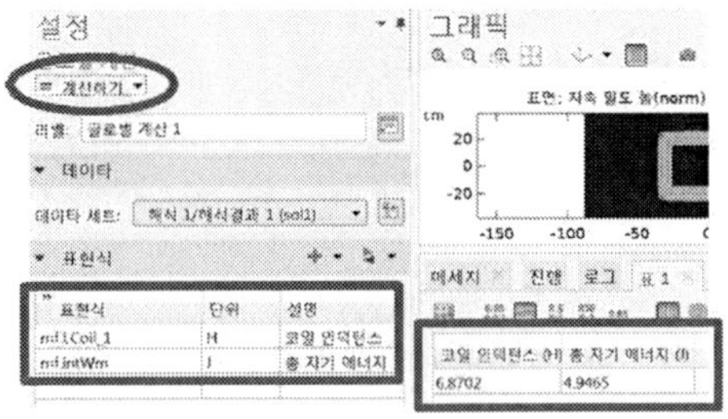

그림 3-26
인덕턴스 및 자기 에너지 계산 결과

《실습》2. 자기 기중기의 자기력 해석

그림 3-27과 같이 코일이 감겨 있는 "ㄷ"자 형태의 철심과 각각의 길이가 g로 주어지는 2개의 공극 및 하단 막대로 구성된 자기 기중기 모델이 있다. "ㄷ"자 형태의 철심과 하단 막대의 비투자율은 $\mu_r = 4,000$, 코일 전류는 $I = 1.2[A]$, 턴수는 500회이다. 공극의 길이 g가 0.2 cm 부터 5 cm 까지 0.4 cm 씩 증가할 때 각각의 공극 길이에 대해 총 자기 에너지, 코

일의 인덕턴스, 공극 자속밀도 및 하단 막대에 작용하는 자기력을 구하시오.

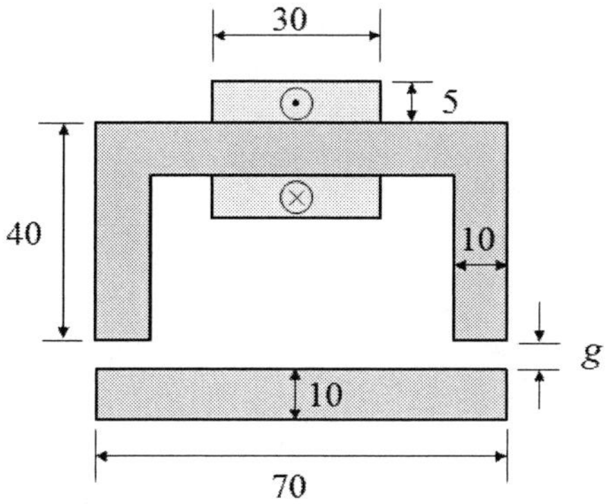

그림 3-27 자기 기중기 모델 (단위: cm)

⑬ 모델마법사 → 2D → 물리현상 선택 (자기장) → 해석 선택 (정적) 순으로 설정 한다. (그림 3-2, 그림 3-3, 그림 3-4)

⑭ "글로벌 정의 → 매개변수 1"을 선택하고, 설정 화면에서 d=0.1[m], g=0.2[cm]의 값을 입력한다 (g는 공극의 길이를 의미). 그림 3-28의 네모 상자를 참조한다.

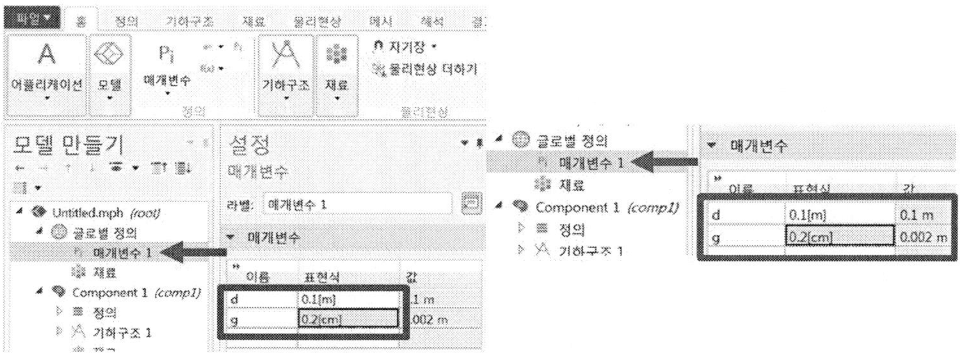

그림 3-28 매개변수 입력

⑮ 모델의 치수단위를 [cm]로 변경하기 위해 "모델만들기"의 "Component 1 → 기하구조 1"을 선택하고, "설정" 화면에서 "단위 길이"를 "cm"로 선택한다. (그림 3-6)

⑯ 모델링의 편의상 그림 3-27의 "ㄷ"자 철심부분은 3개의 사각형으로 나누어 그린다. 또한 공극 자속밀도 계산을 위해 2개의 공극에도 사각형 영역을 지정한다. 표 3-2를 참고하여 총 9개의 사각형을 입력한다. 사각형 9까지 입력한 후 "설정" 화면 상단의

"모든 개체 만들기(Build All Objects)"를 누르고 "그래픽" 화면 상단의 "전체 보기(Zoom Extents)"를 누르면 전체 모델형상이 그림 3-29와 같이 나타난다.

표 3-2 자기기중기 모델링을 위한 사각형 크기 및 위치

	너비	높이	위치 기준	위치 x	위치 y	참고
사각형 1	70	10	중심	0	20	위쪽 철심
사각형 2	70	10	중심	0	-(20+g)	하단 막대
사각형 3	10	30	중심	30	0	오른쪽 철심
사각형 4	10	30	중심	-30	0	왼쪽 철심
사각형 5	30	5	중심	0	12.5	아래쪽 코일
사각형 6	30	5	중심	0	27.5	위쪽 코일
사각형 7	175	175	중심	0	0	전체 해석영역
사각형 8	10	g	중심	30	-(15+0.5*g)	오른쪽 공극
사각형 9	10	g	중심	-30	-(15+0.5*g)	왼쪽 공극

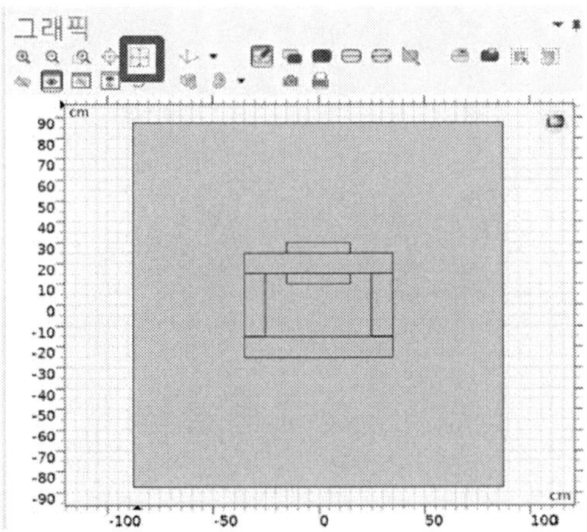

그림 3-29 해석 모델 형상

⑰ 실습 1의 ⑤를 참고하여 모델에 "Air", "Copper", "Iron" 재료를 추가한다. 실습 1의 ⑥을 참고하여 코일 영역은 "Copper", "ㄷ"자 철심과 하단 막대는 "Iron"으로 설정한다. 공극 부분은 그대로 "Air"로 남겨둔다. "Component 1 → 재료 → Air"를 선택하

고 “그래픽” 화면 상단의 “확대/축소 박스”를 이용해 공극 부분을 확대해 보면 공극 부분이 “Air”로 설정된 것을 확인할 수 있다 (그림 3-30).

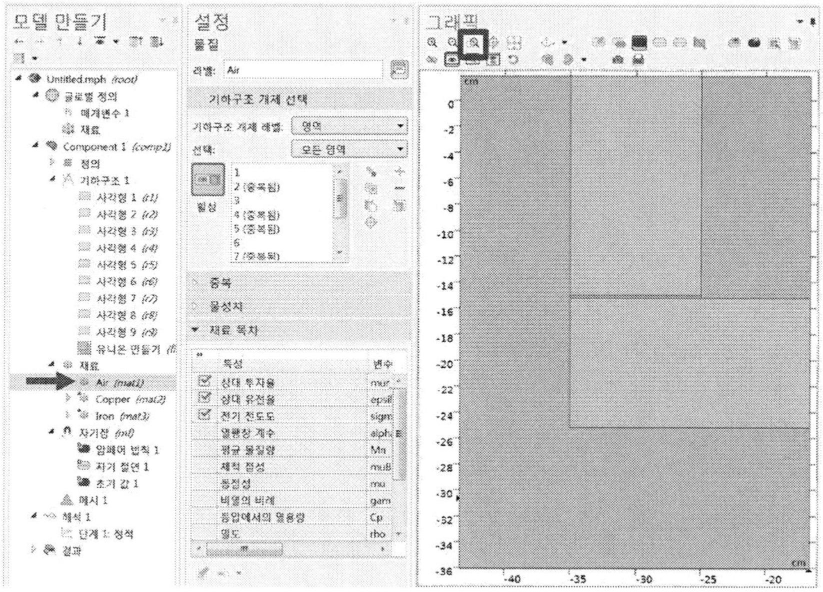

그림 3-30 공극 부분 확대

⑱ 실습 1의 ⑦과 같은 방법으로 해석 모델의 화면 방향 두께를 설정한다.

“Component 1 → 자기장”을 선택하고 “설정” 화면에서 “두께 → 면외 두께”에 “d”를 입력한다. 여기서 d의 값은 “매개변수 1”에서 입력한 0.1[m]이다.

⑲ 실습 1의 ⑧과 같은 방법으로 코일의 전류를 $1.2[A]$, 턴수를 500회로 설정한다.

⑳ 실습 1의 ⑨와 같은 방법으로 아래쪽 코일 영역(7)에만 전류 역방향을 설정한다.

㉑ 하단 막대를 자기력 계산 영역으로 설정한다.

“모델만들기”의 “Component 1 → 자기장”에서 우측마우스버튼, “힘 계산” 선택하고 “그래픽”에서 하단 막대 영역(2) 선택. (그림 3-31, 그림 3-32).

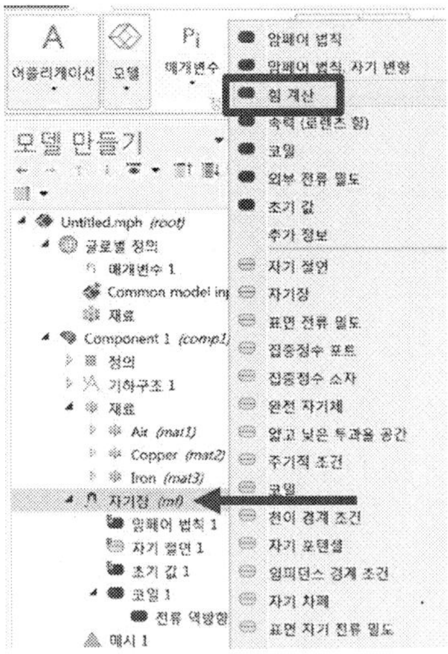

그림 3-31 힘 계산 선택

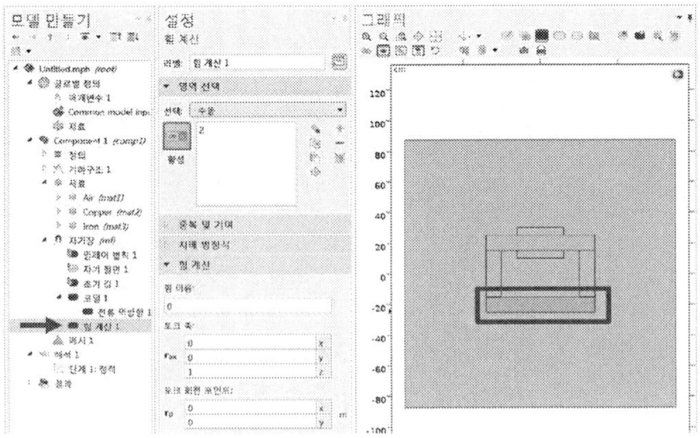

그림 3-32 힘 계산 설정

㉒ 공극 길이 변화 범위 설정 (그림 3-33, 그림 3-34)

"모델만들기"의 "해석 1"에서 우측마우스버튼, "매개변수 스윕" 선택

"설정"에서 "해석 설정 → 더하기" 선택한 후, "변수 이름" 리스트에서 "g" 선택

"설정"에서 "해석 설정 → 범위" 선택한 후, 입력 창에서 "시작 0.2, 단계 0.4, 멈추기 5" 입력하고 "바꾸기" 선택

"설정"에서 "해석 설정 → Parameter unit"에 "cm" 입력

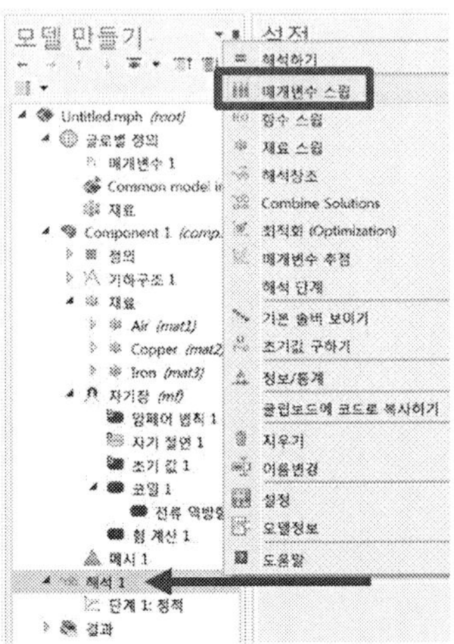

그림 3-33 매개변수 스윕 선택

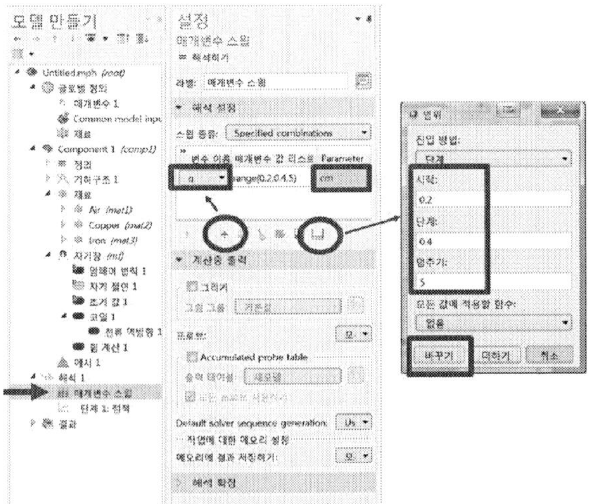

그림 3-34 매개변수 스윕 설정

㉓ 공극 길이 변화에 대한 결과값 출력을 위해 프로브 설정 (글로벌 변수 프로브 3개, 영역 프로브 1개)

"모델만들기"의 "Component 1 → 정의"에서 우측마우스버튼, "프로브 → 글로벌 변수 프로브" 선택 (그림 3-35)

"설정"에서 "표현식 바꾸기" 선택한 후, 리스트에서 "mf.LCoil_1"을 "더블클릭"하여 선택 (그림 3-36)

같은 방법으로 "mf.intWm"와 "mf.Forcey_0"에 대해 각각 "글로벌 변수 프로브" 추가

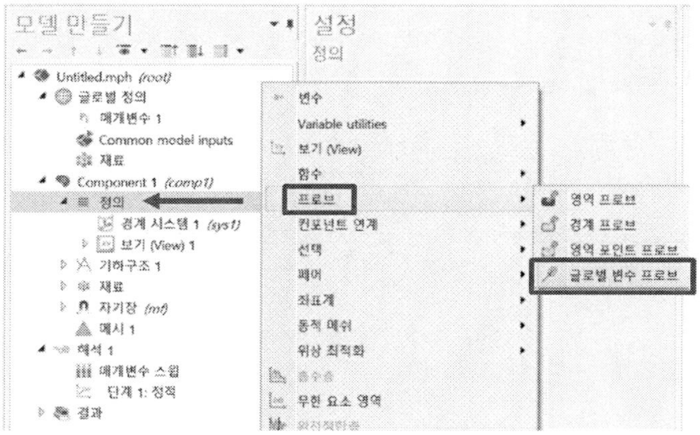

그림 3-35 글로벌 변수 프로브 선택

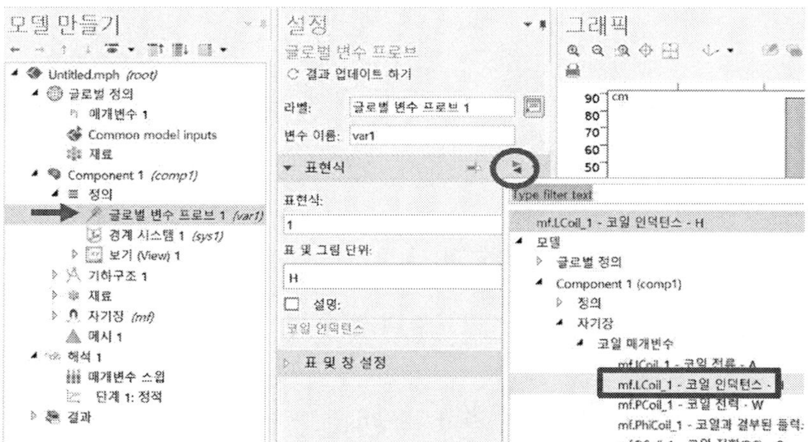

그림 3-36 글로벌 변수 프로브 설정

"모델만들기"의 "정의"에서 우측마우스버튼, "프로브 → 영역 프로브" 선택 (그림 3-37)

"설정"에서 "종류"가 "평균", "표현식"이 mf.normB로 되어 있는지 확인 (그림 3-38) 영역 프로브는 초기에 전체영역으로 설정되어 있으므로 "그래픽" 화면에서 코일, 철심, 내부와 외부 공기 영역을 선택하여 제외시키고 공극 영역(3,9)만 선택되도록 함. 공극 영역이 작아 잘 보이지 않을 경우 "영역 프로브 1"이 선택된 상태에서 그래픽 창을 확대하여 확인할 수 있음.

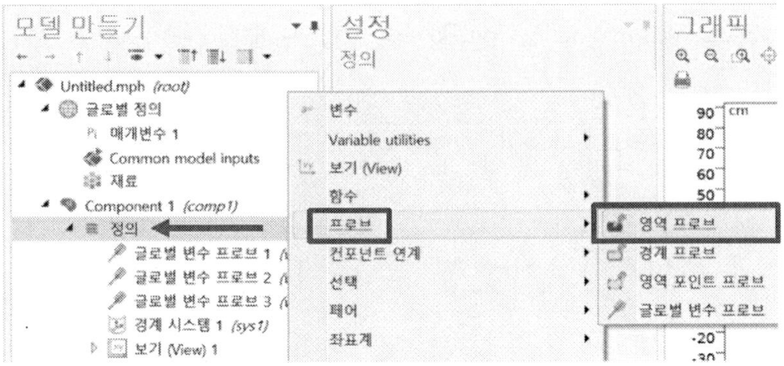

그림 3-37 영역 프로브 선택

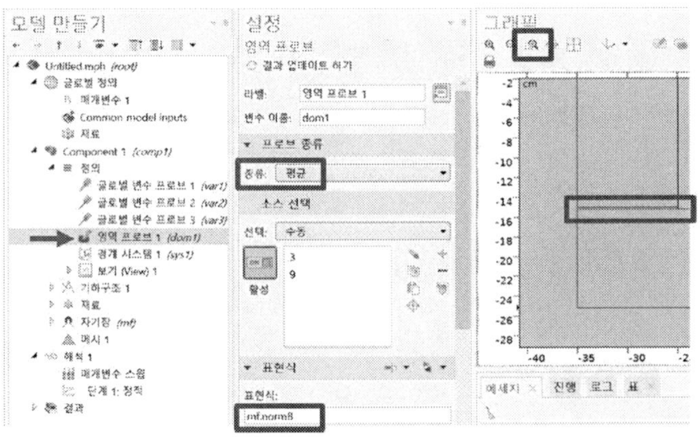

그림 3-38 영역 프로브 설정

㉔ "모델만들기"의 "해석 1"에서 우측마우스버튼, "해석하기" 선택

㉕ 해석이 끝난 후 "결과 → 표 → 프로브 표 1" 선택하면 "그래픽" 화면 아래쪽의 "프로브 표 1"에서 각각의 공극 길이 g에 대한 인덕턴스, 자기 에너지, 전자기력, 공극 자속밀도의 계산 결과를 확인할 수 있음 (그림 3-39)

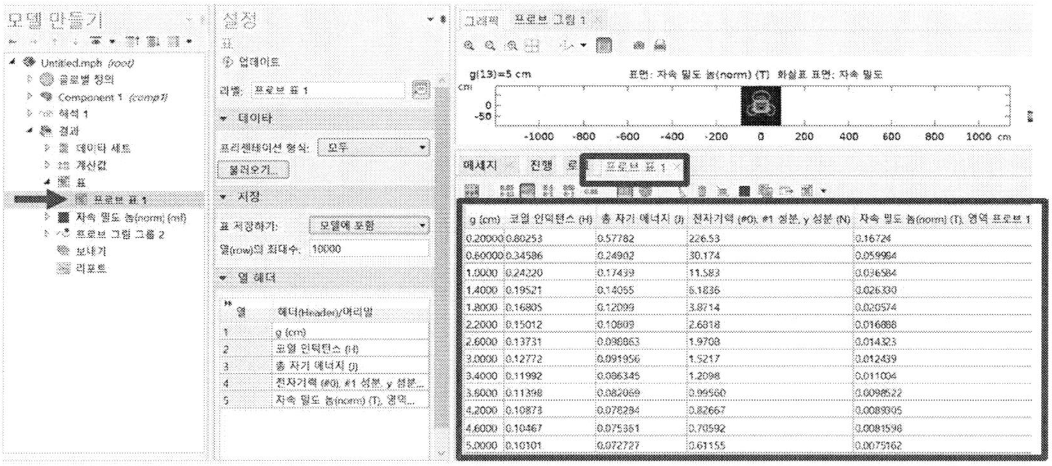

그림 3-39 프로브 표를 통한 계산결과 확인

㉖ 실습 1의 ⑪과 유사한 방법으로 자속밀도 분포를 확인할 수 있음. 특정한 공극 길이g 에 대해 자속밀도 분포를 보고 싶을 경우 "결과 → 자속 밀도 놈(norm)" 선택, "설정"에서 "매개변수 값 (g (cm))"를 원하는 값으로 선택하고 "그리기" 선택 (그림 3-40, 그림 3-41).

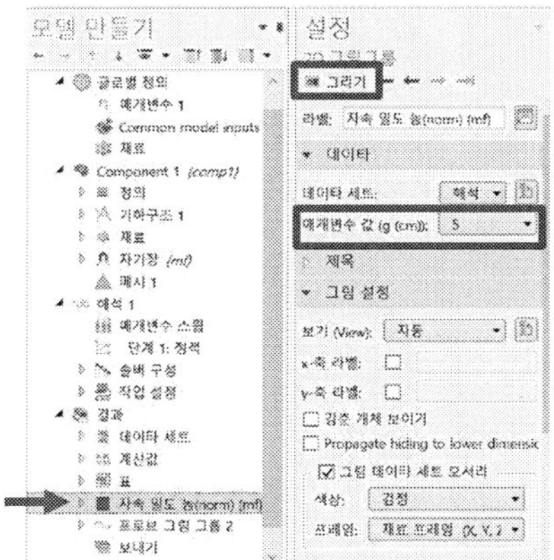

그림 3-40
자기장 그리기에서 매개변수 설정

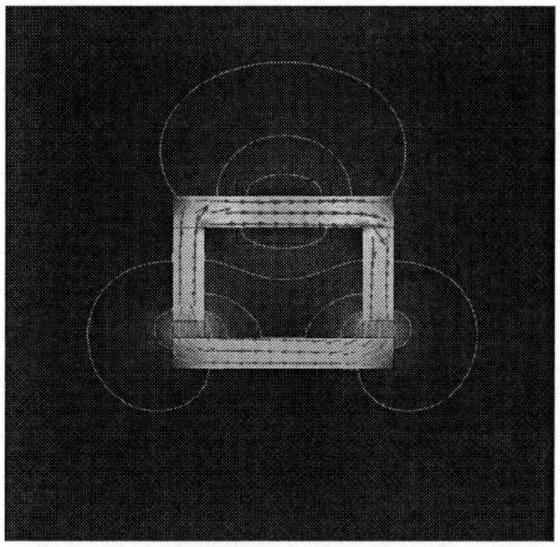

그림 3-41
공극길이 g=5cm일 때 자속밀도 분포

㉗ 공극의 길이 변화에 대해 하단 막대에 작용하는 전자기력을 1D 그래프로 그리기.

그림 3-42 : "결과"에서 "우측 마우스" 누르고 "1D 그림그룹" 선택

그림 3-43 : "결과"→"1D 그림그룹 1"에서 "우측 마우스" 누르고 "표 그래프" 선택

그림 3-44 : "결과"→"1D 그림그룹"→"표 그래프 1"을 선택하고 "설정" 화면에서 "데이타 → 표"가 "프로브 표 1"인지 확인. 설정에서 "그림 열"을 "수동"으로 선택. "열"에서 "전자기력" 선택하고 "그리기" 선택하면 그림 3-45와 같은 그래프를 얻을 수 있음. 같은 방법으로 "인덕턴스", "자기 에너지" 등에 대한 그래프도 그릴 수 있음.

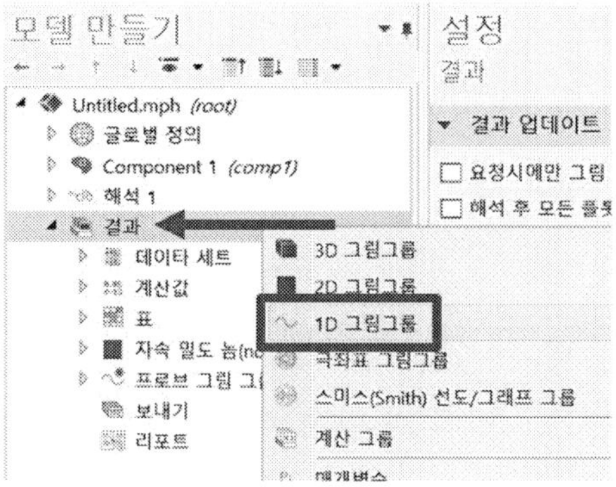

그림 3-42 1D 그림그룹 선택

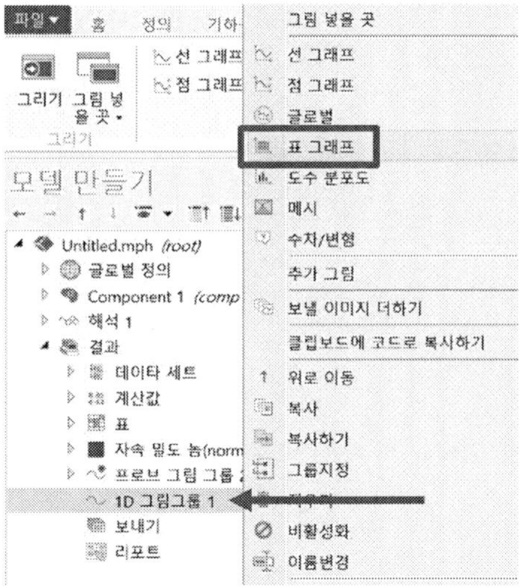

그림 3-43 표 그래프 선택

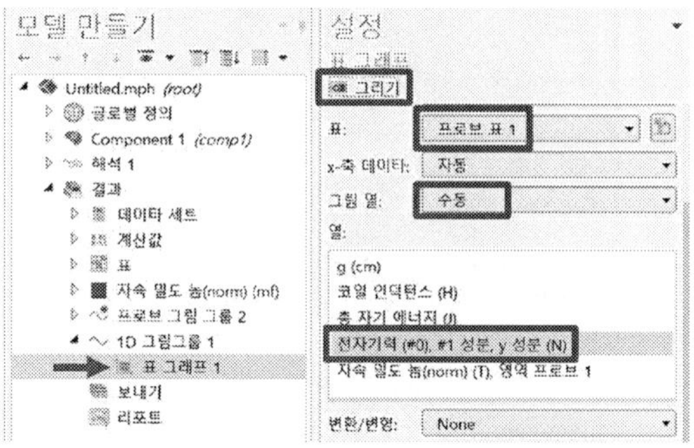

그림 3-44 표 그래프 설정

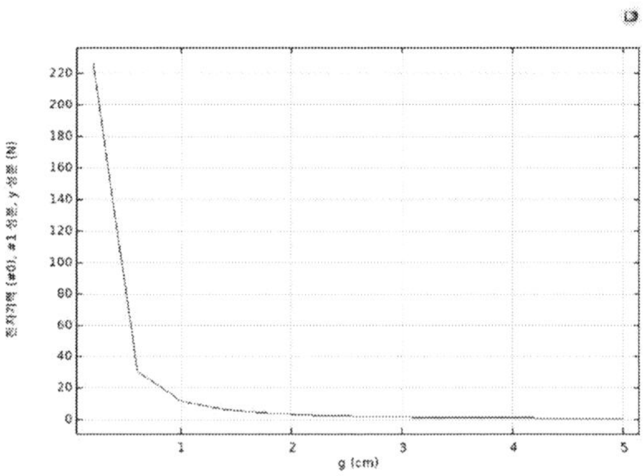

그림 3-45 공극 길이에 따른 자기력 그래프

실험 관련 기초 이론

[1] 자기회로에서 자기저항의 수식은 어떻게 주어지는가? 또 그 의미를 설명하라.

[2] 에너지법을 이용해 자기력을 계산하는 방법에 대해 설명하라.

[3] 누설 자속과 자속 퍼짐 현상에 대해 설명하라.

평가

[1] 실습 1, 그림 3-1의 철심 모델에 대해 자기회로법을 이용해 철심의 자기저항, 코일의 인덕턴스, 시스템의 총 자기 에너지를 근사적으로 계산하라. 자기회로법의 계산 결과를 COMSOL을 이용해 계산한 결과와 비교하고 오차를 구하라. 또 오차가 발생하는 원인에 대해 논하라.

	자기회로법	COMSOL	오차 [%]
자기저항 [1/H]		╳	╳
코일 인덕턴스 [H]			
총 자기 에너지 [J]			

오차 발생 원인

[2] 실습 2, 그림 3-27의 자기 기중기 모델에서 하단 막대에 작용하는 자기력은 에너지법으로도 계산할 수 있다. 아래 표에 주어진 공극의 길이 g에 대해 에너지법을 이용해 하단 막대에 작용하는 자기력을 계산하고 (COMSOL의 영역 프로브를 이용해 계산한 공극자속밀도 이용) 그 결과를 COMSOL에서 계산한 자기력과 비교해 오차를 구하라. 공극의 길이가 커짐에 따라 오차는 어떻게 되는가? 그 원인은 무엇인가?

공극의 길이 [cm]	COMSOL 공극 자속밀도 [T]	하단 막대에 작용하는 자기력 [N]		오차 [%]
		에너지법	COMSOL	
0.2				
1				
3				
5				

오차 분석과 그 원인

[3] 실습 2에서 하단 막대의 재료를 "Aluminum"으로 변경했을 때의 결과를 아래 표에 정리하라 ("ㄷ"자 철심의 재료는 "Iron"으로 유지한다).

자속밀도 분포 (g=0.2 cm)	자속밀도 분포 (g=5 cm)
공극길이 변화에 대한 자기에너지 변화 그래프	**공극 길이 변화에 대한 자기력 변화 그래프**

결론 (실습과 평가에 대한 고찰 및 참고문헌)

평가1

평가2

평가3

참고문헌

실험 04 교류 자기장의 수치해석

실험목적

교류 자기장의 수치해석을 통해 와전류 및 표피효과를 살펴보고, 변압기의 와전류 부상 모델을 응용하여 해석해 본다.

《실습》1. 원기둥 도체의 교류 자기장 해석

그림 4-1 원기둥 도체 모델

반지름 30[㎜], 높이 100[㎜], 도전율 5.8e7[S/m]인 도체 원기둥이 반지름 50[㎜], 단면적 반지름 10[㎜], 권회수 10, 전류 1[A], 주파수 60[㎐]를 가진 도넛 모양의 코일에 의해 구동되고 있다.
축대칭 문제로 해석을 진행하며, 해석 모델을 포함하는 공기영역은 반지름 300[㎜], 높이 500[㎜]의 원기둥으로 되어 있다.

① 모델마법사

② 공간 차수 : 2D 축대칭

③ 물리현상 : 자기장(mf)

④ 해석 : 주파수 영역

⑤ Component 1 → 기하구조 1 → 단위 → 단위 길이 : mm로 변경

⑥ 형상 입력 : 그림 4-2

사각형 : 너비(300), 높이(500), 위치 – 기준(구석), (r=0, z= – 250)

사각형 : 너비(30), 높이(100), 위치 – 기준(구석), (r=0, z= – 50)

원 : 반지름(10), 위치 – 기준(중심), (r=50, z=0)

⑦ 재료 : 그림 4-3

라이브러리에서 재료 더하기 : Air 선택

빈재료 : 영역 2번(도체 원기둥) 선택, 상대투자율(1), 전기 전도도(5.8e7), 상대 유전율 (1) 입력

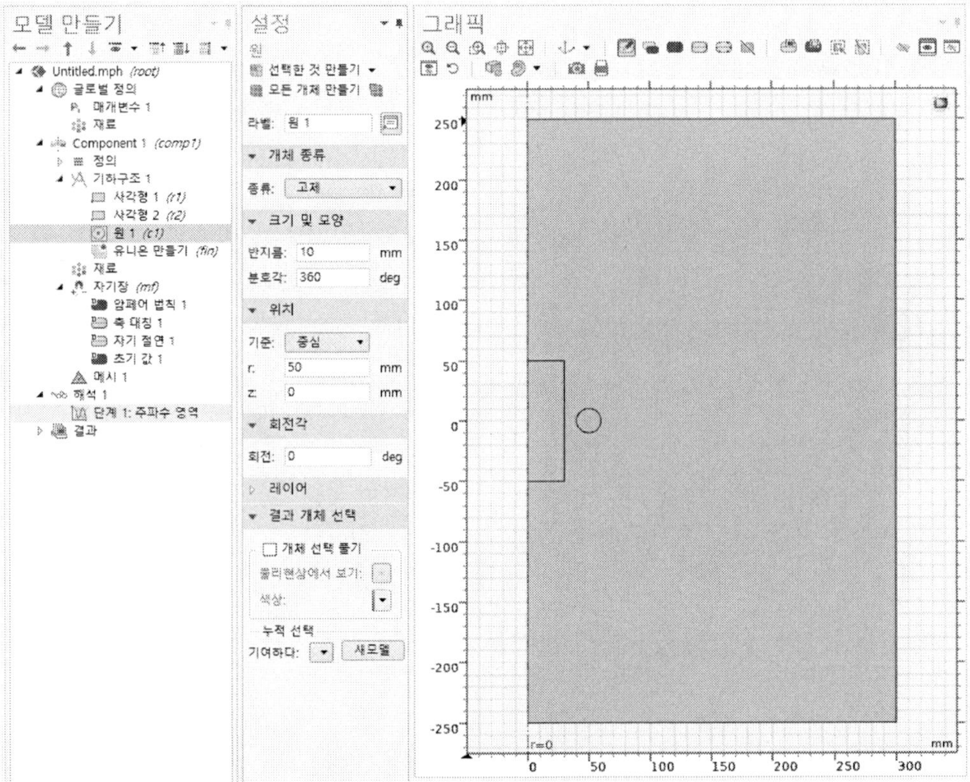

그림 4-2 해석 모델 형상 입력

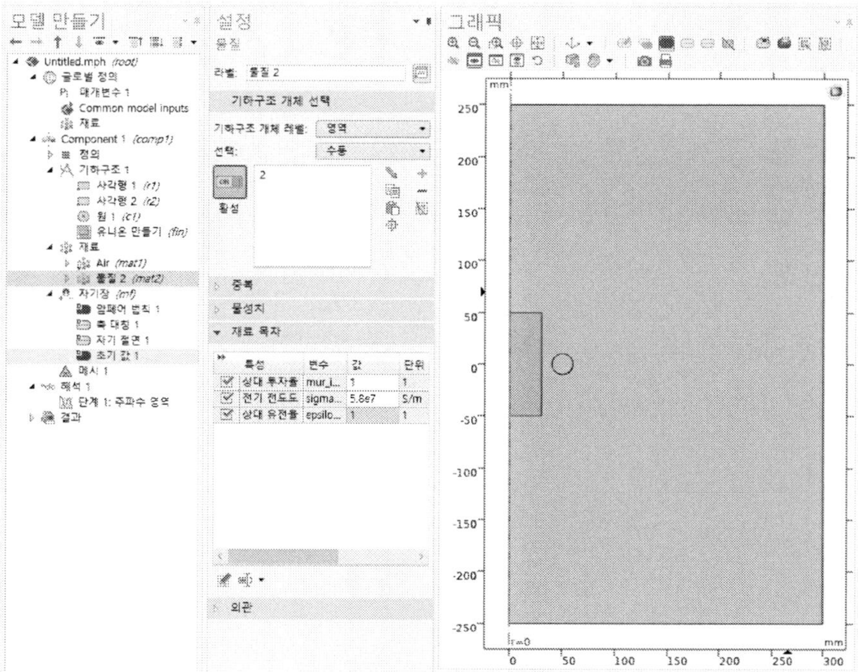

그림 4-3 재료 입력

⑧ 전류원 입력 : 영역 3번, 도체모델(다회전 균질화), 코일 전류(1[A]), 감긴 횟수(10)

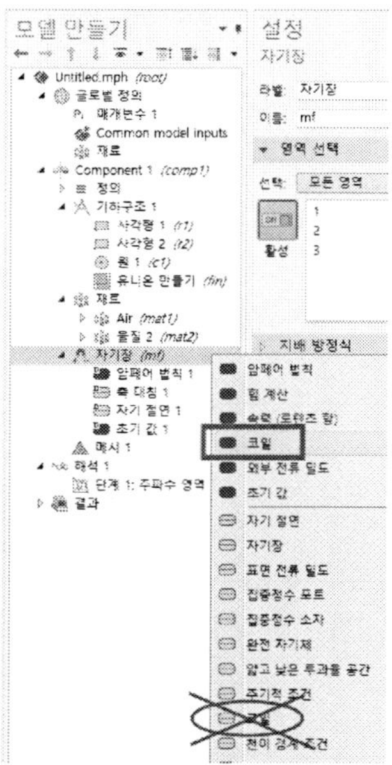

그림 4-4 코일 선택

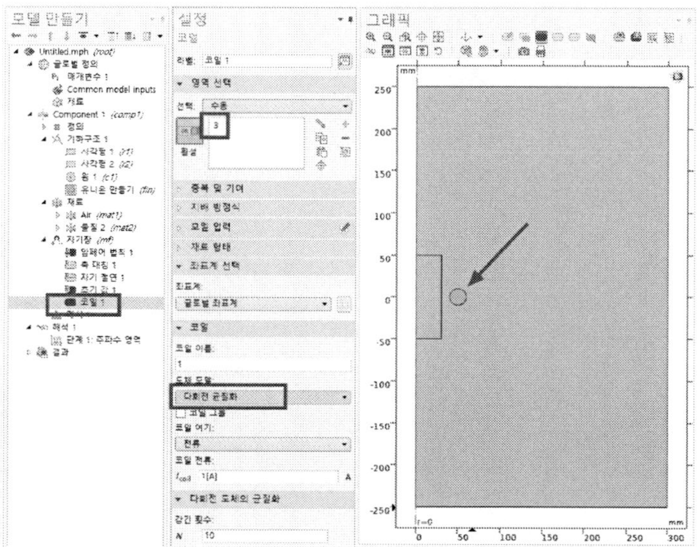

그림 4-5 전류원 입력

⑨ 해석 1 → 단계 1: 주파수 영역 : 주파수(60[Hz]) 설정

⑩ 해석하기

⑪ 2D 와전류분포보기 : 결과 → 자속 밀도 놈 → 표면 1 : 표현식을 abs(mf.Jiphi) (유도 전류밀도, phi방향)으로 변경

⑫ 컷라인 설정

결과 → 데이터 세트에서 우측마우스 누르고 "컷라인 2D"선택

컷라인 : (29.999,0) ~ (0,0)

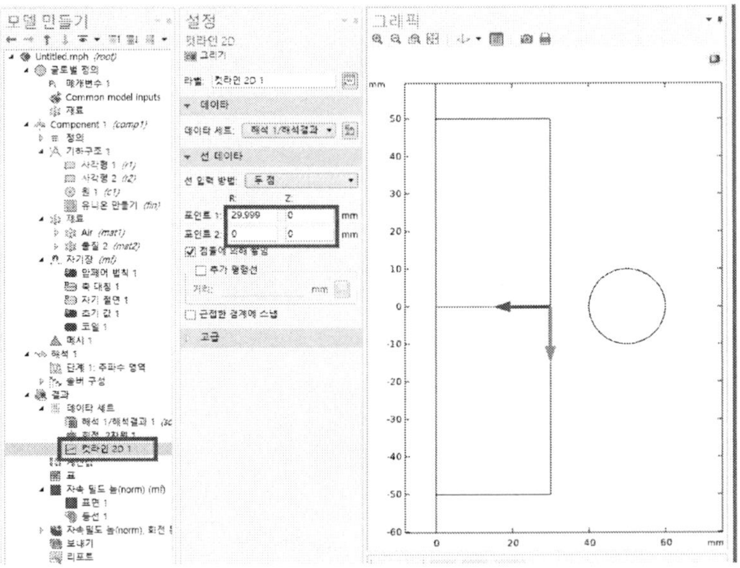

그림 4-6 컷라인 설정

⑬ 1D 와전류 분포 곡선 보기

"결과"에서 우측마우스, "1D 그림그룹" 선택

결과 → 1D 그림그룹에서 우측마우스, "선 그래프" 선택

결과 → 1D 그림그룹 → 선 그래프 : 데이터 세트(컷라인 2D), y-축 데이터(mf.normJ 전류 밀도 놈)선택

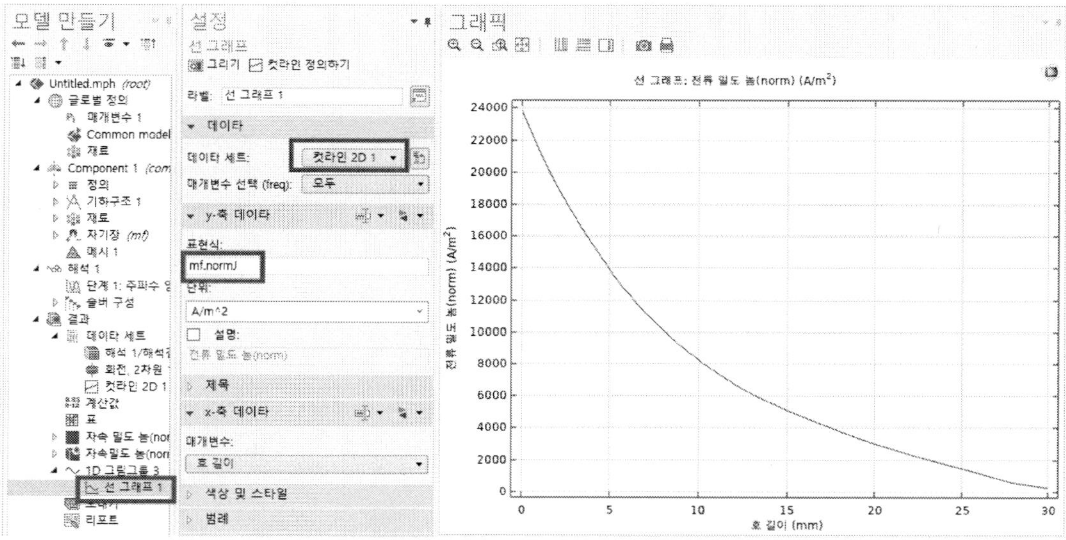

그림 4-7 1D 와전류 분포 곡선

결과 → 1D 그림그룹 → 선 그래프에서 우측마우스, “그림 데이터 클립보드로 복사하기”를 이용하여

그래프 데이터를 엑셀이나 메모장으로 가져올 수 있음.

⑭ 표피효과를 살펴보고, skin depth를 계산해 보자

⑮ 전기전도도(도전율)와 주파수를 변화시키면서 skin depth를 검토하라

*) Component 1 → 메시 1에서 요소크기를 보통, 미세하게, 더 미세하게 등으로 변경하며 결과를 비교해 보자.

《실습》2. 도체 링 부상 모델의 교류 자기장 해석

그림 4-8, 4-9와 같이 구리원통 주변에 코일이 있고 도체(알루미늄) 링이 끼워져 있는 모델이 있다. 축대칭 문제로 해석을 진행하며 해석 모델을 포함하는 공기영역은 반지름 200[㎜], 높이 400[㎜]의 원기둥으로 되어 있다. 코일의 전류는 1.5[A], 턴수는 500턴이다. 코일과 알루미늄 링 사이의 간격 d를 5~40[㎜]범위에서 변화시키며 알루미늄 링이 받는 부상력과 자기장의 변화를 해석하라.

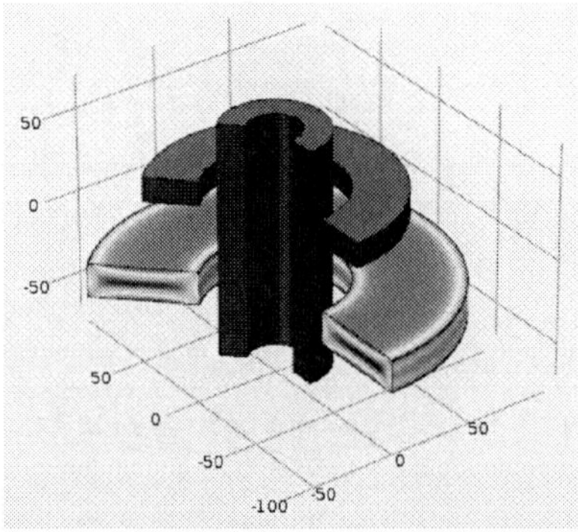

그림 4-8 도체 링 부상 모델

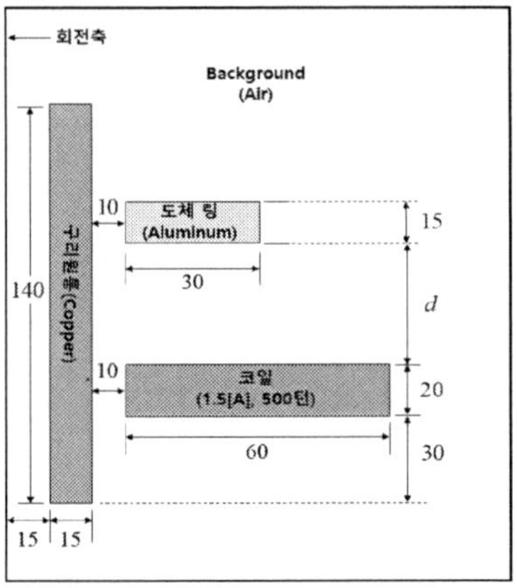

그림 4-9 해석 모델 규격 (단위: [mm])

① 모델마법사

② 공간 차수 : 2D 축대칭

③ 물리현상 : 자기장(mf)

④ 해석 : 주파수 영역

⑤ 글로벌 정의 → 매개변수 1 → 이름(d), 표현식(5[mm]) 입력

⑥ Component 1 → 기하구조 1 → 단위 → 단위 길이 : mm로 변경

⑦ 형상 입력 :

사각형 1(구리원통): 너비(15), 높이(140), 위치 - 기준(구석), (r=15, z=-70)

사각형 2(코일): 너비(60), 높이(20), 위치 - 기준(구석), (r=40, z=-40)

사각형 3(도체 링): 너비(30), 높이(15), 위치 - 기준(구석), (r=40, z=d-20)

사각형 4(전체해석영역): 너비(200), 높이(400), 위치 - 기준(구석), (r=0, z=-200)

⑧ 재료 :

라이브러리에서 재료 더하기 : Air, Aluminum, Copper 순서로 추가

Aluminum : 영역 4번(도체 링) 선택

Copper : 영역 2,3번(구리원통, 코일) 선택

⑨ 코일 전류 입력 :

"Component 1 → 자기장"에서 우측마우스 누르고 "코일(영역)" 선택하고 3번 영역(코일) 선택

설정에서 도체모델(다회전 균질화), 코일 전류(1.5[A]), 감긴 횟수(500)

⑩ 자기력 계산 영역 설정:

"Component 1 → 자기장"에서 우측마우스 누르고 "힘 계산" 선택하고 도체 링 영역(4) 선택

⑪ 매개변수(코일과 링 간격 d) 변화에 대한 결과값(도체 링 자기부상력) 출력을 위해 프로브 설정:

"Component 1 → 정의"에서 우측마우스버튼, "프로브 → 글로벌 변수 프로브" 선택

"설정"에서 "표현식"에 "mf.Forcez_0"을 직접 타이핑하거나 "표현식 바꾸기" 선택한 후 리스트에서 "더블클릭"하여 입력 (그림 4-10)

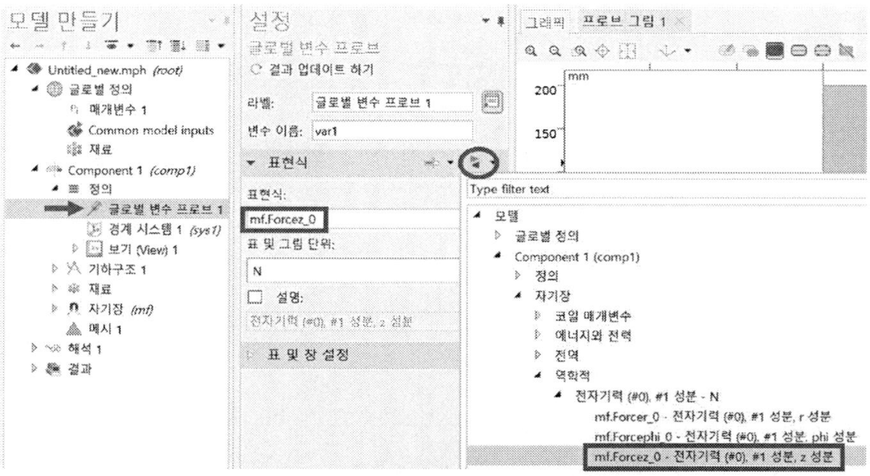

그림 4-10 글로벌 변수 프로브 설정

⑫ 매개변수(코일과 링 간격 d) 변화 범위 설정 (그림 4-11):

"해석 1"에서 우측마우스버튼, "매개변수 스윕" 선택

"설정"에서 "해석 설정 → 더하기" 선택한 후, "변수 이름" 리스트에서 "d" 선택

"설정"에서 "해석 설정 → 범위" 선택한 후, 입력 창에서 "시작 5, 단계 5, 멈추기 40" 입력하고 "바꾸기" 선택

"설정"에서 "해석 설정 → Parameter unit"에 "mm" 입력

"설정"에서 "프로브 → Accumulated probe table" 체크

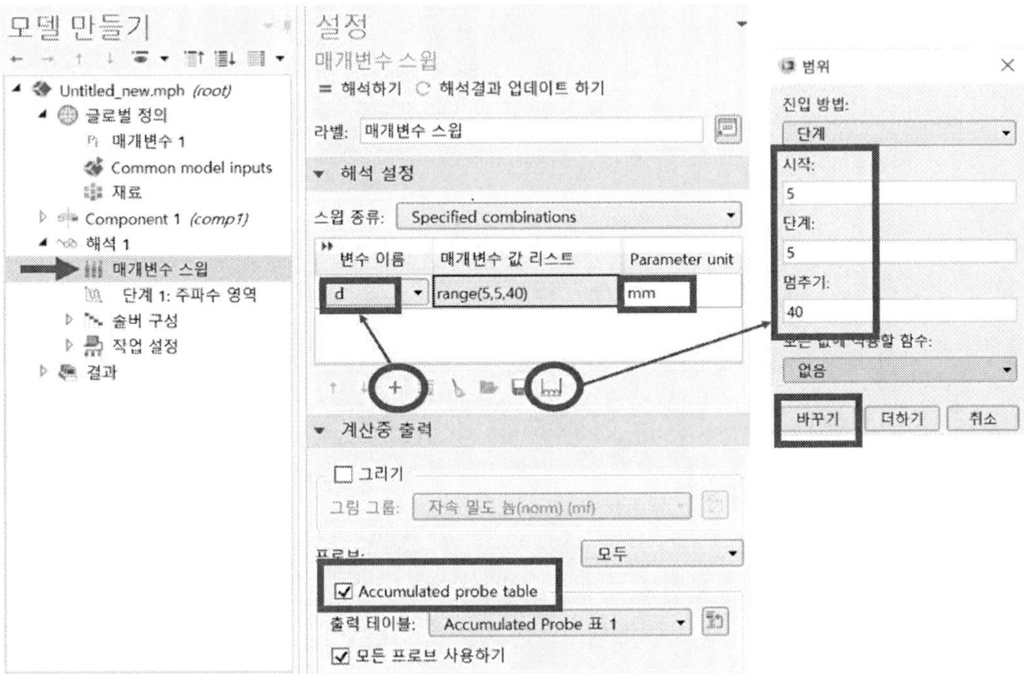

그림 4-11 매개변수 스윕 설정

⑬ 해석 1 → 단계 1: 주파수 영역 : 주파수(60[Hz]) 설정

⑭ 해석하기

⑮ 해석이 끝난 후 "결과 → 표 → Accumulated Probe 표 1" 선택하면 "그래픽" 화면 아래쪽의 "Accumulated Probe 표 1"에서 간격 d에 대한 도체 링 부상력의 변화를 확인할 수 있음

⑯ 매개변수 d에 대해 상단 도체 링에 작용하는 자기부상력의 변화를 1D 그래프로 그리기 (그림 4-12):

“결과 → 프로브 그림 그룹 3 → 프로브 표 그래픽 1” 선택

“설정 → 데이타 → 표”에서 “Accumulated Probe 표 1” 선택

“x-축 데이타”에서 “d(mm)” 선택, “그림 열”이 “수동”으로 선택되어 있는지 확인

“열”에서 “전자기력” 선택하고 “그리기” 클릭하면 그림 4-13과 같은 그래프를 얻을 수 있음

⑰ “결과 → 데이터 세트”에서 우측 마우스 누르고 컷라인 2D를 (55,20) ~ (55,35)로 설정. 컷라인의 “데이타 세트”는 “해석 1/Parametric solutions”로 선택한다 (그림 4-14). “결과”에서 “1D 그림그룹”, “선 그래프”를 추가하고 “선 그래프 1” 설정에서 데이타 세트는 “컷라인 2D 1”, “매개변수 선택 (d)”는 “마지막”을 선택한다. 표현식은 “mf.normJ”로 하면 도체 링 내부 1D 와전류 분포 그래프를 얻을 수 있다 (그림 4-15). 표피효과를 살펴보고, skin depth를 계산해 보자.

⑱ 2D 와전류 분포보기 : 결과 → 자속 밀도 놈 → 표면 1 : 표현식을 abs(mf.Jiphi) (유도전류밀도, phi방향)으로 변경, “자속 밀도 놈”의 설정에서 데이트 세트를 “해석 1/Parametric solutions 1”으로 선택한다. “매개변수 값(d)”를 원하는 값으로 선택한 후 “그리기”를 선택하면 코일과 도체 링 사이의 다양한 간격 d에 대해 자속과 와전류 분포를 볼 수 있다 (그림 4-16).

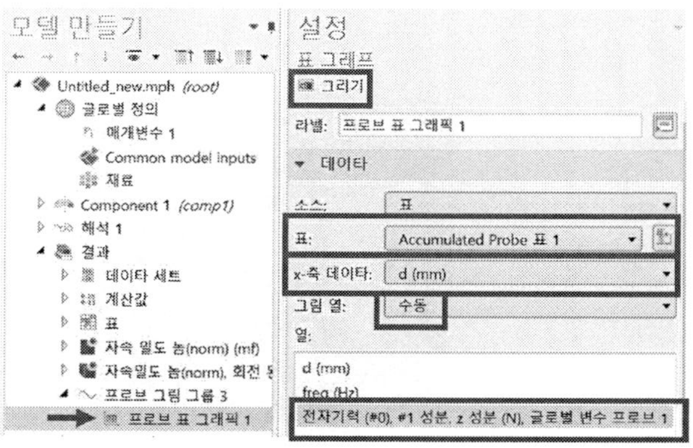

그림 4-12 프로브 표 그래픽 설정

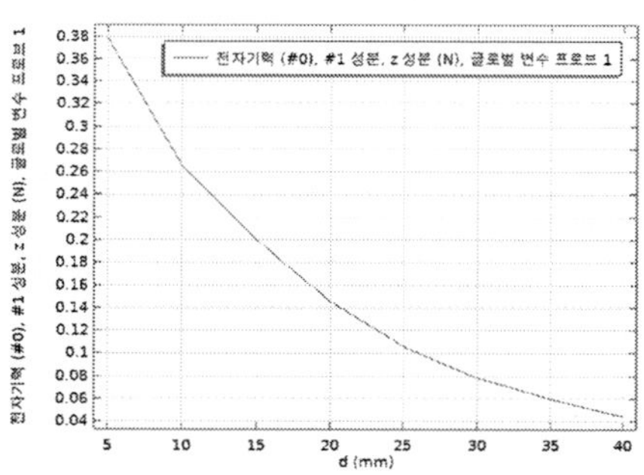

그림 4-13 매개변수 d 변화에 대한 자기부상력 그래프

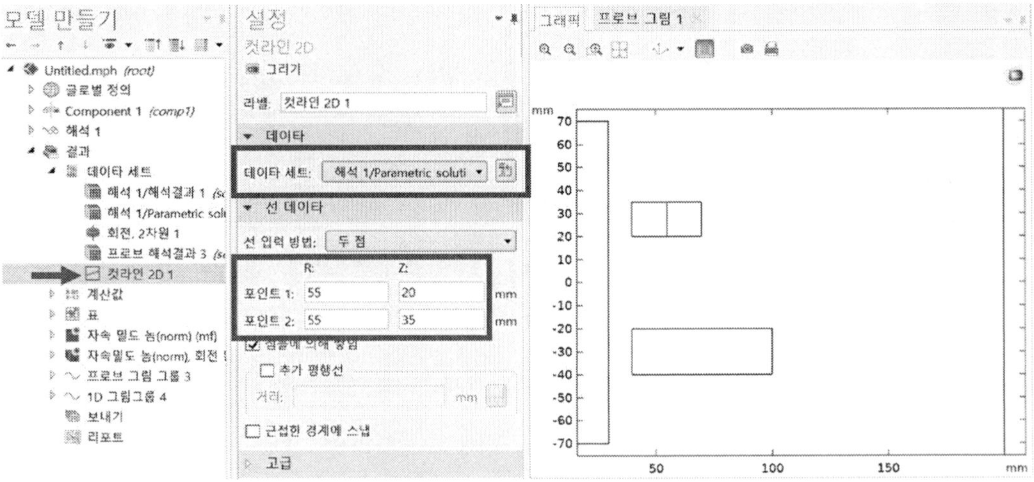

그림 4-14 컷라인 2D 설정

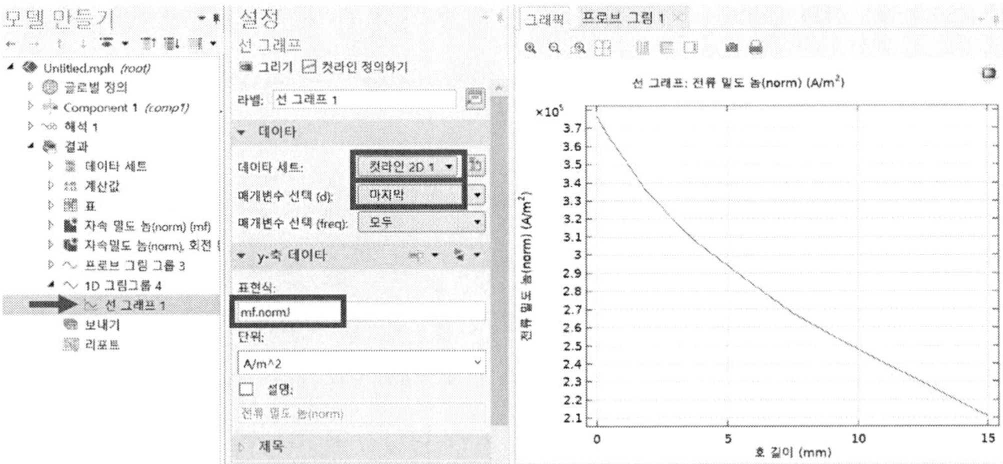

그림 4-15 선 그래프 설정 (1D 와전류 그래프)

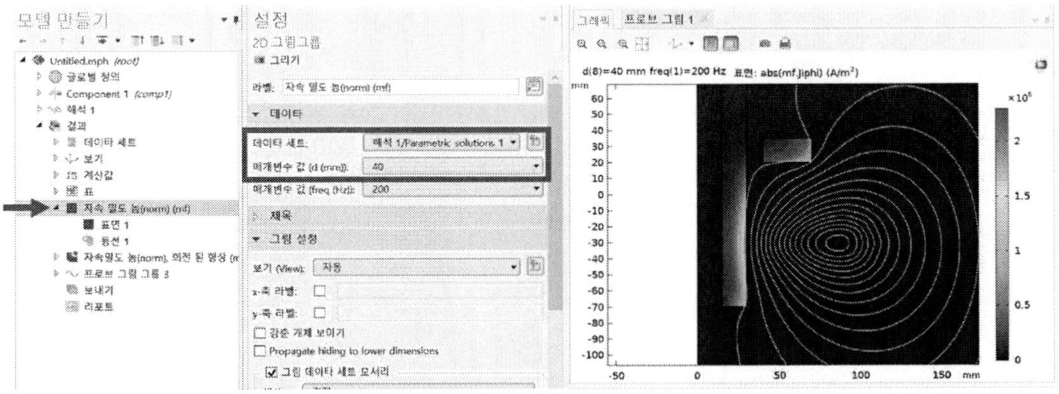

그림 4-16 2D 와전류 분포 (d=40[mm])

실험 관련 기초 이론

[1] 표피효과(skin effect)와 침투깊이(skin depth)에 대해 조사하시오.

[2] 와전류의 정의 및 관련수식을 조사하시오.

평가

[1] 어떤 매질의 skin depth δ는 다음 식을 이용해 계산할 수 있다: $\delta = \frac{1}{\sqrt{\pi f \mu \sigma}}$. 여기서 f는 주파수, μ와 σ는 각각 매질의 투자율과 전기전도도이다. 실습 1에서 도체 원기둥의 전기전도도와 주파수를 아래 표와 같이 변화시키며 skin depth를 계산하고 COMSOL 해석을 진행하라. 각각의 COMSOL 해석을 수행한 후 얻은 와전류 분포 그래프(그림 4-7)를 이용해 도체 원기둥 표면(호 길이=0)에서의 와전류밀도 J_1과 도체 표면에서 skin depth만큼 들어간 깊이(호 길이=δ)에서의 와전류밀도 J_2를 각각 그래프 상에서 근사적으로 구하고 그 비율 J_2/J_1를 계산하라. J_2/J_1는 이론적으로 어떤 값으로 나와야 하며 그 이유는 무엇인가?

도체 원기둥 전기전도도 σ[S/m]	주파수 f[Hz]	skin depth δ[mm] ($\frac{1}{\sqrt{\pi f \mu \sigma}}$ 계산)	와전류 밀도 (COMSOL)		J_2/J_1
			J_1[A/m2] (호 길이=0)	J_2[A/m2] (호 길이=δ)	
5.8e7	60				
5.8e7	200				
3.774e7	60				
3.774e7	200				

J_2/J_1의 이론값과 그 이유

____

____

____

____

____

____

[2] 실습 2에서 입력전류 주파수와 도체 링의 전기전도도를 아래와 같이 변화시키며 COMSOL 해석을 수행하고 각각의 경우에 대해 d=40[㎜]에서 2D 와전류 분포 그래프 (그림 4-16) 및 d=5[㎜]에서 자기부상력 값을 다음 표에 정리하라. 또 입력전류 주파수와 도체 링의 전기전도도는 자기부상력과 어떠한 관계가 있는지 설명하라.

f= 200[Hz], σ=3.774e7[S/m] (알루미늄)	f= 60[Hz], σ=3.774e7[S/m] (알루미늄)
(그림 4-16) 2D 와전류 분포 (d=40[㎜])	(그림 4-16) 2D 와전류 분포 (d=40[㎜])
도체 링 자기부상력(d=5[㎜]):________[N]	도체 링 자기부상력(d=5[㎜]):________[N]
f= 200[Hz], σ=2.38e6[S/m]	f= 60[Hz], σ=2.38e6[S/m]
(그림 4-16) 2D 와전류 분포 (d=40[㎜])	(그림 4-16) 2D 와전류 분포 (d=40[㎜])
도체 링 자기부상력(d=5[㎜]):________[N]	도체 링 자기부상력(d=5[㎜]):________[N]

입력전류 주파수, 도체 링의 전기전도도와 자기부상력의 관계

[3] 아래 그림과 같이 구리원통 대신 철심("Iron" 재질)이 추가된 모델에 대해 고려한다.

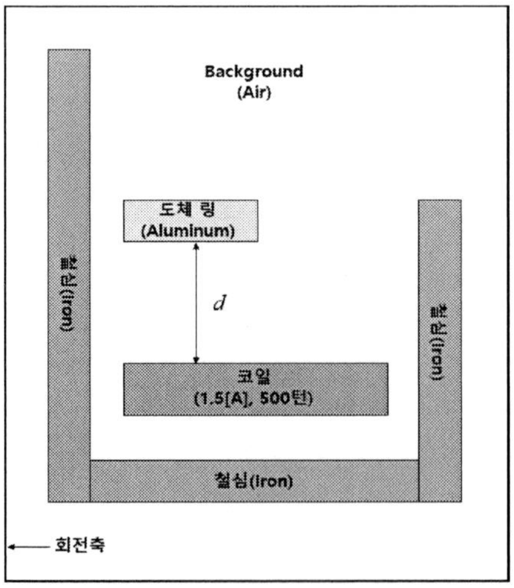

그림 4-17 철심(Iron)이 있는 평가[3] 해석 모델

실습 2의 기하구조에서 추가된 사각형의 규격은 다음과 같다.

사각형 5: 너비(80), 높이(15), 위치-기준(구석), (r=30, z=－70)

사각형 6: 너비(15), 높이(80), 위치-기준(구석), (r=110, z=－70)

입력전류 주파수와 도체 링의 전기전도도는 각각 f=200[Hz], σ=3.774e7[S/m] (알루미늄)으로 설정한다. "메시 1"에서 "요소 크기"를 "보통"으로 설정했을 때와 "요소 크기"를 "제일 미세하게"로 설정했을 때 매개변수 d 변화에 대한 자기부상력 그래프(그림 4-13)를 다음 표에 정리하라. "요소 크기"의 변화에 따른 두 결과에 차이가 있는가? 그 이유는 무엇인가? 구리원통이 있는 실습 2의 모델과 비교하면 어떤 차이가 있는가?

요소 크기: "보통"	요소 크기: "제일 미세하게"
(그림 4-13) d 변화에 대한 1D 자기부상력 그래프	(그림 4-13) d 변화에 대한 1D 자기부상력 그래프

결과 분석

결론

평가1

평가2

평가3

고찰

참고문헌

실험 05 3상 농형 유도전동기의 회전방향과 특성

실험목적

3상 농형 유도전동기의 회전방향에 관한 요소와 기동 특성, 무부하 특성 및 부하특성 확인

기초지식

▶ 회전자계와 유도기 회전 원리

유도전동기의 회전 방향 요소에 대해 실험하기 위해 유도 전동기의 회전 원리를 이해해야 한다. 유도전동기의 고정자 권선에 외부에서 3상의 전력을 공급되면 회전자계가 형성되고, 이 회전자계는 농형 회전자 주위를 회전하는데 그 속도는 $\frac{120f}{P}$ [rpm] 이다.

농형 회전자는 회전자계를 끊게 되므로 전자 유도 작용에 의해 기전력이 유기되며 단락환으로 만들어진 폐회로에 많은 전류를 흐르게 한다. 회전자에 흐르는 전류에 의해 강한 자계를 형성하고, 이때 고정자 권선에서 만든 회전자계와 화전자의 자계가 작용하여서 회전자는 회전자계가 돌아가는 방향과 같은 방향으로 회전하게 된다.

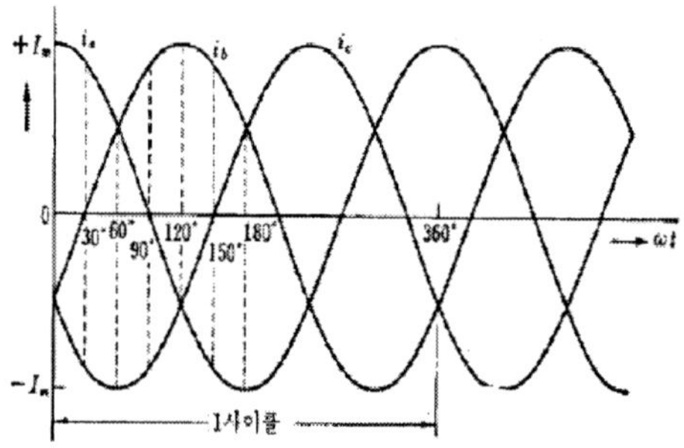

그림 5-1

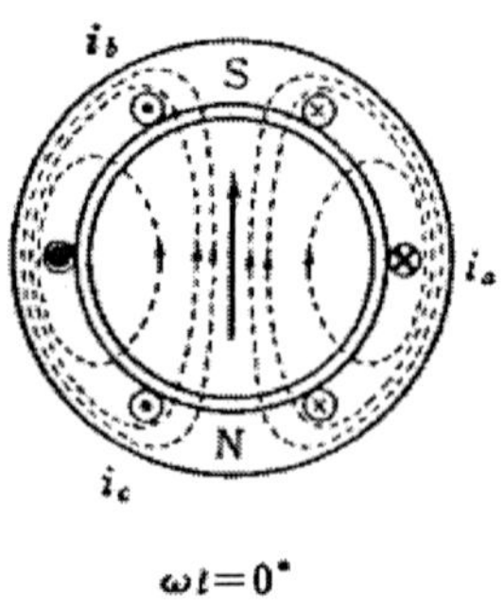

그림 5-2

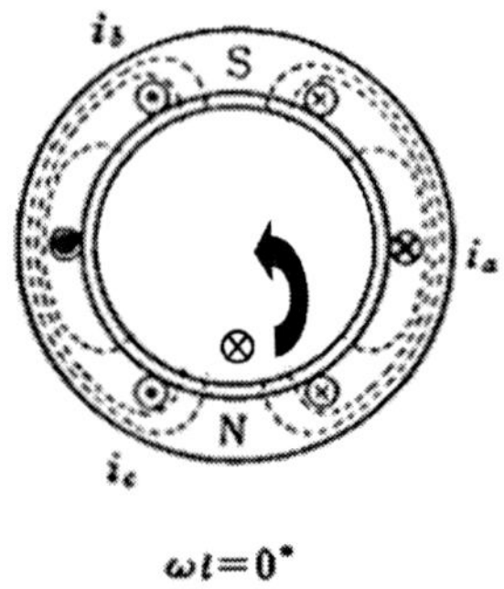

그림 5-3

위 그림 5-1과 같이 계자에 교류를 전류를 인가하면 최초 그림 5-2와 같이 자계가 형성이 된다. 전류가 계속 흐르면 그림 5-2의 자계는 그림 5-3과 같이 시계반대방향으로 회전하는 회전자계를 형성한다. 렌츠의 법칙에 의해 회전자 도체에는 회전자계를 방해하는 방향으로 유도전류가 흐르게 된다. 이 유도전류는 그림 5-3에서와 같이 안으로 들어가는 방향으로 흐르게 되고 플레밍의 오른손 법칙에 유도 전류와 회전자계는 회전자를 회전하게 한다. 결국 위의 그림에서는 회전자계가 시계반대방향으로 회전하므로 회전자 역시 시계반대방향으로 회전하게 된다.

▶ 4극 모터는 각 1개씩의 N, S극을 1-pair로 본다면 이는 2-pair이므로 이 때 60Hz에서의 모터 회전수(동기속도)가 나온다.

▷ 주파수(Hz)×60 / 극수 = 60×60 / 2 = 1800RPM ········ 동기속도

▶ 유도전동기에서는 동기속도로는 회전될 수 없으며 여기서 동기속도와 실제 속도와의 차가 Slip 속도가 되며 이 때 Slip율은 Slip 속도를 동기속도로 나눈 백분율이다.

▷ Slip율 = (차이속도(Slip) / 동기속도) × 100

▶ 3ø전원으로 연결된 3ø유도전동기의 고정자 권선에는 여자전류가 흐르면 회전자계가 형성된다. 이러한 회전자계를 형성하기 위해 무효전력($V_1 I_\mu$)이 공급되고 또 전동기의 동손($I_1^2 r_1$) 및 철손($V_1 I_w$)에 의해 소비되는 유효전력도 공급된다.

회전자계의 속도(N_s)는 3ø전원의 주파수(f_1)와 극수(P)에 의해서 결정되며 동기속도라고 불린다. 전력시스템의 주파수는 전력회사에 의해 정확히 유지되므로, 동기속도 ($N_s = \frac{120 f_1}{P}$)는 항상 일정하다.

▶ 회전자가 정지상태에 있을 때($s = 1$) 유도된 회전자 전압의 주파수는 전원 주파수와 같다. 고정자 회전자계와 같은 방향으로 회전자가 회전한다면 자속이 회전자 권선을 쇄교하는 비율은 감소할 것이며 슬립도 감소되고, 따라서 회전자에 유도되는 전압과 그 주파수($f_{2s} = s f_1$)는 떨어질 것이다. 회전자가 고정자 회전자계와 같은 속도, 같은 방향으로 회전할 때, 유도전압과 그 주파수는 0[Hz]으로 된다.($s = \frac{N_s - N}{N_s} = 0$)

만일 회전자가 고정자 회전자계와 반대방향으로 동기속도로 구동될 때, 유도전압과 그 주파수는 회전자가 정지상태에 있을 때 거의 2배가 된다.($s = \frac{N_s + N}{N_s} = 2$)

▶ 1 [lbf*in] = 0.112985 [N*m]

장비 및 부품

▶ 전원공급장치 모듈(0-120/208[Vac]) : EMS 8821

▶ 농형 유도전동기 : EMS 8221

▶ 교류 전압계 모듈(250[Vac]) : EMS 8426

▶ 교류 전류계 모듈(0.5/8[Aac]) : EMS 8425

▶ 3상 전력계 : EMS 8441

▶ 전기 동력계 : EMS 8911

▶ 회전 속도계 : EMS 8920

▶ 타이밍 벨트 : EMS 8942

▶ 리드선 : EMS 8951

실험순서

Ⅰ. 회전방향 측정 실험

(1) 농형 유도전동기, 전력 동력계, 전원 공급장치를 사용하여 그림 5-4과 같이 결선한다. 유도전동기의 고정자단자 4, 5, 6번은 하나가 되게 결선한다.

(2) 회전방향 측정을 위하여 전원 장치의 전압 조정기를 반 시계 방향으로 돌린 후 전원 스위치를 닫는다.

(3) 모터 스위치를 일단 "OFF"시키고 다음 표와 같이 결선을 변동하며 실험을 반복한다.

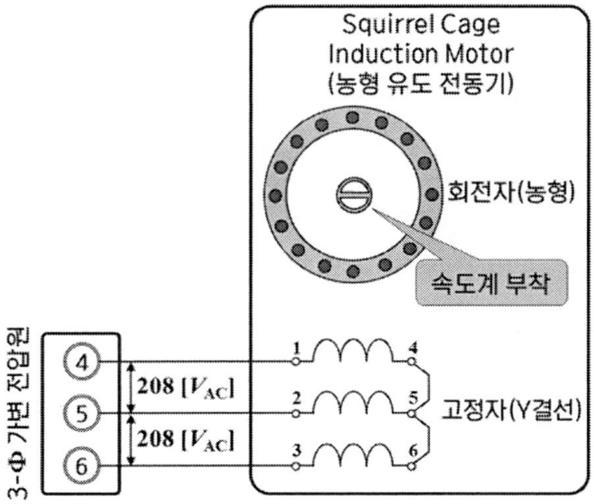

그림 5-4. 유도기의 결선도

고정자 단자	실험(b)	실험(c)	실험(d)	실험(e)
T_1	A	C	B	B
T_2	C	B	A	C
T_3	B	A	C	A

표 5-1. 유도전동기 단자의 결선 방법

(4) 모터 스위치를 "ON"시키고 회전방향을 체크하여 그림 5-8에 표시하라.

(5) 위 실험 진행 중 실험(e)시 모터의 회전속도를 측정 기록하라. 모든 전원 스위치를 "OFF"시키고 연결된 Lead들을 제거시킨다.

Ⅱ. 농형 유도전동기의 기동 실험

(6) 농형 유도전동기, 전기동력계, 전원공급 장치, 교류전류계를 사용하여 그림 5-5와 같이 결선한다. 세 개의 고정자 권선은 전원공급 장치의 3ϕ가변 208[Vac] 단자 ④, ⑤, ⑥과 결선한다. 전류계의 내부저항(R_A)은 매우 적으므로 그림 5-7의 회로에서는 회전자(2차)는 단락된 상태가 된다.

(7) a) 타이밍 벨트를 사용하여 전기동력계와 전동기를 커플링 한다.

b) 전기동력계를 전원공급 장치의 고정 120[Vac] 단자 ①과 Ⓝ에 연결한다.

c) 권선형 유도전동기에 최대 기계적인부하를 걸어 주려고 전기동력계의 토크조절기를 시계방향으로 끝까지 돌린다.

(8) 최대 기동부하시 실험(100[Vac]일 때)

1차(고정자)전압이 100[Vac]일 때에는 토크가 진동한다.

a) 전원을 켠 후, V_1이 100[Vac]가 되도록 조정한다. 전동기가 서서히 회전한다.

b) 고정자 전류 I_1, 토크를 측정해서 [표 2]에 기록한다.

(9) 부하 감소시 실험(100[Vac]일 때)

a) 전기동력계의 토크조절기를 서서히 조정함으로서 전동기에 걸리는 부하를 점차 적으로 감소시킨다. 부하가 감소됨에 따라 전동기속도는 증가할 것이다.

b) 토크가 1[lbf·in]일 때 고정자 전류 I_1, 발생토크를 측정해서 [표 2]에 기록한다. (I_1이 서서히 감소되므로 측정시간이 2분정도 소요됨)

c) 전압을 0[Vac]으로 한 후에 전원을 끈다.

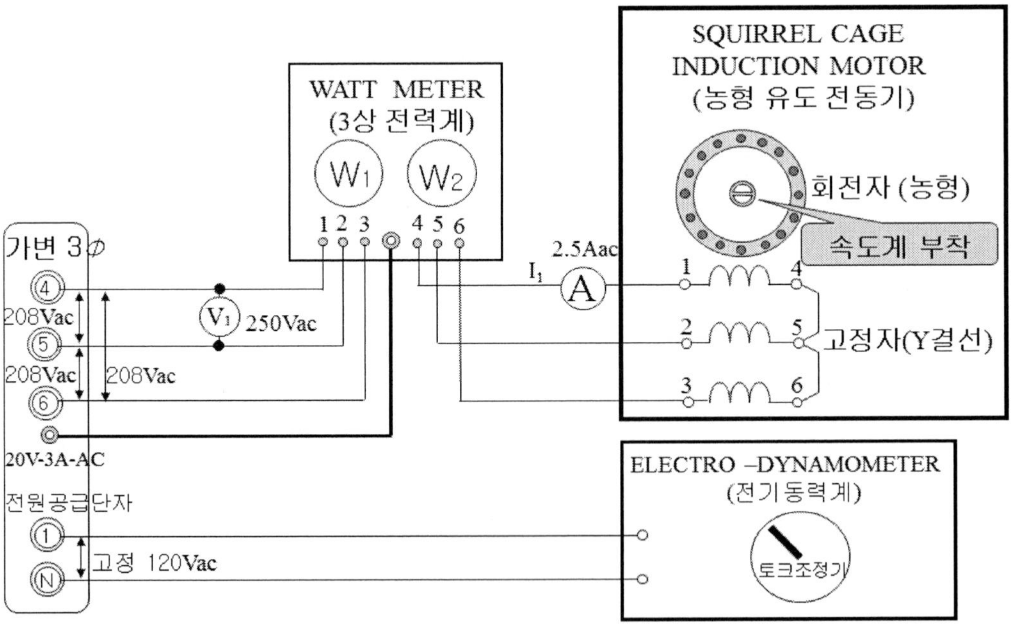

그림 5-5. 권선형 유도전동기의 부하 감소 실험

(10) 최대 기동부하시 실험(208[Vac]일 때)

a) 전원공급 장치의 3ø 고정 208[Vac] 단자 ①, ②, ③ 을 사용한다.

b) 농형형 유도전동기에 최대 기계적인부하를 걸어 주려고 전기동력계의 토크조절기를 시계방향으로 끝까지 돌린다.

c) 전원을 켠 후 V_1 , I_1 와 발생 기동토크를 신속히 측정해서 [표 2]에 기록한다. 전원을 끈다. 실험순서 (9), (10), (11)에서 전동기의 피상전력을 계산해서 [표 2]에 기록한다.

$$\text{피상전력} = \sqrt{3}\,V_1 I_1 = \sqrt{3}\times(\quad)\times(\quad) = \qquad [\mathrm{VA}]$$

	V_1 [Vac]	I_1 [Aac]	토크 [lbf · in]	속도 [rpm]	피상전력 [VA]
실험순서(9) 100[Vac]					
실험순서(10) 부하 감소시					
실험순서(11) 기동부하시					

표 2. 기동부하 실험 결과

Ⅲ. 농형 유도전동기의 속도와 슬립

(11) 직류 전동기, 농형 유도전동기, 전원공급장치 및 교류전류계를 사용하여 [그림 5-6]과 같이 결선한다.

(12) a) 직류전동기의 분권계자 권선은 전원공급장치의 고정 120[Vdc] 단자⑧과 Ⓝ에 결선한다. 직류 전동기의 계자전류를 최대로 하려고 계자 저항기를 시계방향으로 끝까지 돌린다.(최소 계자 저항 0[Ω])

b) 전기자는 전원공급 장치의 가변 120[Vdc]단자 ⑦과 Ⓝ에 결선된다.

c) 권선형 유도전동기의 고정자는 전류계와 직렬 연결되어 전원공급 장치의 고정 3ø 208 [Vac]의 단자 ①, ②, ③과 결선한다.

d) 3ø 입력전압은 V_1 에 의해 측정

(13) 유도전동기의 정지시

a) 타이밍 벨트를 이용하여 직류전동기와 권선형 유도전동기를 커플링 한다.

b) 전원 스위치를 닫는다. 전압 조정기를 0[Vac]의 위치에 둔다.(직류전동기가 회전하지 않아야 된다.)

유도전동기도 이 때에는 회전하지 않는데 그 이유는 전압계의 내부저항이 매우 크므로(수만[Ω]) $I_2 \fallingdotseq 0$ 이고 따라서 토크($\tau = k\Phi I_2$)도 0[lbf.in]이기 때문이다.

c) V_1, I_1의 값들을 측정해서 [표 3]에 기록하시오. (이 때의 I_1은 여자전류 I_o를 나타낸다.)

d) 전원 스위치를 열어둔다.

(14) 타여자 전동기로 유도전동기를 회전자계와 반대방향으로 900[rpm]으로 회전할 때

a) 전원을 켠 후, 가변직류 전압을 전동기의 속도가 900[rpm]이 되게끔 조정한다.

b) V_1, E_{2s} : 슬립 s 로 회전시 상전압, I_1의 값들을 측정해서 [표 3]에 기록하시오.

(15) 타여자 전동기로 유도전동기를 회전자계의 방향과 같은방향으로 900[rpm]으로 회전할때

a) 전동기의 회전방향을 바꾸기 위해 직류 전기자 결선을 바꾼다. 계자저항기를 시계방향으로 끝까지 돌린다.

b) 전원을 켠 후, 전동기의 속도가 900[rpm]이 되도록 직류 전압을 조정한다.

c) V_1, E_{2s}, I_1의 값들을 측정해서 [표 3]에 기록하시오.

	속도 N [rpm]	I_1 [Aac]	V_1 [Vac]	f_1 [Hz]	N_s [rpm]	슬립 s
실험 (14)에서	정지시					
실험 (15)에서	반대방향으로 900[rpm]					
실험 (16)에서	같은방향으로 900[rpm]					

표 3. 속도와 슬립 실험

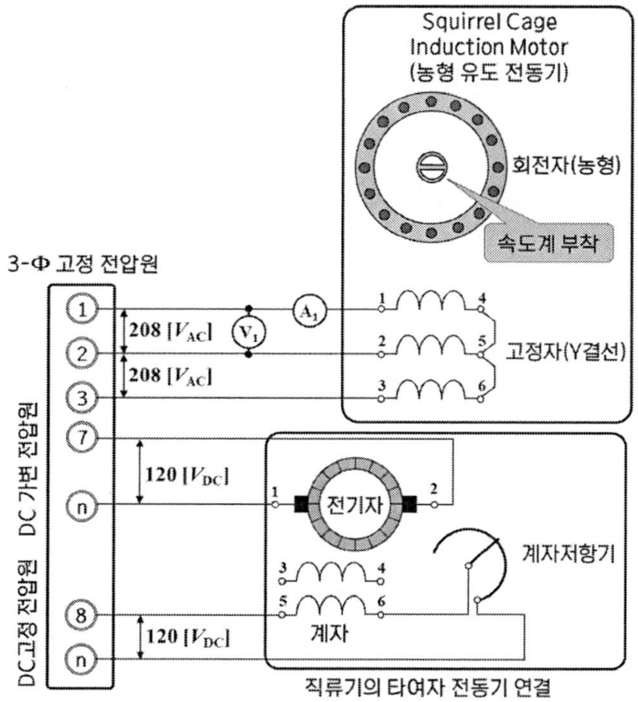

그림 5-6. 농형 유도전동기의 속도와 슬립

요점

3상 유도전동기에서 회전방향을 바꾸기 위해서는 어느 상이든 1개 상은 그대로 두고 나머지 2개상의 연결을 서로 바꾸어 모터를 역방향으로 회전시킬 수 있게 된다. 그러나 각 상을 실험진행 순서 9에서와 같이 다음과 다음으로 모두 연결을 바꾸어 주게 되면 회전방향은 변하지 않는다. 또한 반대쪽으로 차례로 모두 바꾸어 주어도 회전방향은 변치 않는다.

1. 기동시의 공급전류는 정격부하 구동 시 공급전류의 몇 배(약 5~7배)이다. 그러나 기동 Torque는 기동시의 역률저하로 정격부하 구동시보다 작다.
2. 기동하는 순간에 유도모터는 큰 유도 Reactance로 인해 큰 지연위상각을 갖게 되고 이로 인해 역률(Power Factor)은 좋지 않게 된다. 다음 그림은 Slip과 Torque 그리고 Slip과 공급전류(점선)의 관계를 일례를 들어 그래프로 표시하고 있다.

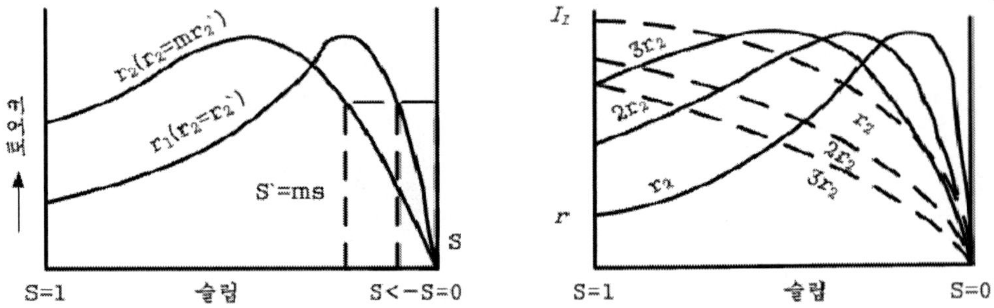

(a) 슬립과 토크의 관계 (b) 슬립과 전류의 관계

그림 5-7 슬립과 토크(a), 전류(b)의 관계

그림 5-7에서 보는 봐와 같이 Slip이 0일 때(즉, 이론상 동기속도로 회전한다고 가정할 경우) Torque는 0이며 또한 공급전류도 거의 0에 가깝게 됨을 알 수 있다. 그림에서 m : 상수, r_2 : 2차(회전자 도체) 저항을 나타낸다.

1. 실험의 목적 및 이론(과거의 관련된 연구 결과 및 이론)

2. 본론 (실험 장치 및 방법, 실험 결과와 논의)

결과

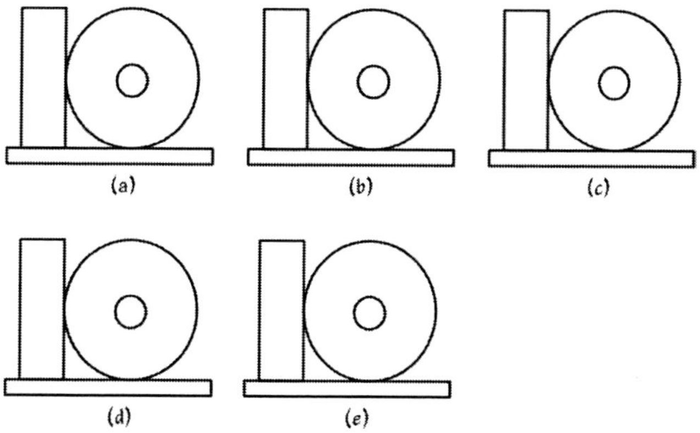

그림 5-8 3상 전동기의 회전방향 실험 결과

	V_1 [Vac]	I_1 [Aac]	토크 [lbf · in]	속도 [rpm]	피상전력 [VA]
실험순서(9) 100[Vac]					
실험순서(10) 부하 감소시					
실험순서(11) 기동부하시					

표 2. 기동부하 실험 결과

	속도 N [rpm]	I_1 [Aac]	V_1 [Vac]	f_1 [Hz]	N_s [rpm]
실험 (14)에서	정지시				
실험 (15)에서	반대방향으로 900[rpm]				
실험 (16)에서	같은방향으로 900[rpm]				

표 3. 속도와 슬립 실험

평가

(1). 전부하(1/4마력) 전동기속도가 1,500[rpm]일 때, 아래 식을 이용하여 전부하 토크의값을 계산하시오.

(2). 유도전동기의 전부하 토크에 대한 기동토크의 비를 계산하시오.

(3). 유도전동기의 각 상(phase)당 전부하 고정자전류가 1.2 [Aac]일 때, 전부하 전류에 대한 기동전류비를 계산하시오.

(4). 만일 유도전동기의 고정자전압이 정격전압의 50[%] 정도로 감소된다면

a) 기동전류는 얼마만큼 감소되는가?

설명 : $\frac{I_s'}{I_s} =$, $I_s' =$, 기동전류는 (   )[%]감소

b) 피상전력은 얼마만큼 감소되는가?

설명 : 피상전력= $\frac{P'}{P}$ 피상전력은 (   )[%]감소

c) 기동토크는 얼마만큼 감소되는가?

설명 : $\frac{\tau'}{\tau} =$ 기동토크는 (   )[%]감소

(5). 전동기의 부하가 감소함에 따라 전동기 속도는 증가하는가? 설명 : ___________

(6). 전동기 속도가 증가함에 따라 회전자 전류는 감소하는가? 설명 : ___________

(7). N_s [rpm] : 동기속도, f [Hz] : 전원 주파수, P : 고정자 극수이라면 이 유도전동기의 극수를 결정하시오. 설명 : $N_s = \frac{120f}{P}$ [rpm], P =(   ) [극]

3. 결론 및 고찰

4. 참고문헌

실험 06 3상 농형 유도전동기의 부하특성 및 효율

실험목적

3상 농형 유도전동기의 회전방향에 관한 요소와 기동 특성, 무부하 특성 및 부하특성 확인

기초지식

▶ 3ø전원으로 연결된 3ø유도전동기의 고정자 권선에는 여자전류가 흐르면 회전자계가 형성된다. 이러한 회전자계를 형성하기 위해 무효전력($V_1 I_\mu$)이 공급되고 또 전동기의 동손($I_1^2 r_1$) 및 철손($V_1 I_w$)에 의해 소비되는 유효전력도 공급된다.

회전자계의 속도(N_s)는 3ø전원의 주파수(f_1)와 극수(P)에 의해서 결정되며 동기속도라고 불린다. 전력시스템의 주파수는 전력회사에 의해 정확히 유지되므로, 동기속도($N_s = \frac{120 f_1}{P}$)는 항상 일정하다.

▶ 회전자가 정지상태에 있을 때($s = 1$) 유도된 회전자 전압의 주파수는 전원 주파수와 같다. 고정자 회전자계와 같은 방향으로 회전자가 회전한다면 자속이 회전자 권선을 쇄교하는 비율은 감소할 것이며 슬립도 감소되고, 따라서 회전자에 유도되는 전압과 그 주파수($f_{2s} = s f_1$)는 떨어질 것이다. 회전자가 고정자 회전자계와 같은 속도, 같은 방향으로 회전할 때, 유도전압과 그 주파수는 0[Hz]으로 된다.($s = \frac{N_s - N}{N_s} = 0$)

만일 회전자가 고정자 회전자계와 반대방향으로 동기속도로 구동될 때, 유도전압과 그 주파수는 회전자가 정지상태에 있을 때 거의 2배가 된다.($s = \frac{N_s + N}{N_s} = 2$)

장비 및 부품

- ▶ 전원공급장치 모듈(0-120/208[Vac]) : EMS 8821
- ▶ 농형 유도전동기 : EMS 8221
- ▶ 교류 전압계 모듈(250[Vac]) : EMS 8426
- ▶ 교류 전류계 모듈(0.5/8[Aac]) : EMS 8425
- ▶ 3상 전력계 : EMS 8441
- ▶ 전기 동력계 : EMS 8911
- ▶ 회전 속도계 : EMS 8920
- ▶ 타이밍 벨트 : EMS 8942
- ▶ 리드선 : EMS 8951

실험순서

Ⅰ. 농형 유도전동기의 무부하 특성 실험

a) 농형 유도 전동기, 전기 동력계, 3ø전력계, 전원공급 장치 및 교류 전류계를 사용하여 그림 6-1과 같이 결선한다. 유도 전동기의 고정자단자 4, 5, 6번은 하나가 되게 접속(즉, Y 결선)한다.

b) 무부하 실험을 하기 위하여 3ø농형 유도 전동기의 축과 전기 동력계의 축을 타이밍 벨트로 걸지 않은 상태(커플링 하지 않음)에서 전원 장치의 전압 조정기를 반 시계 방향으로 돌린 후 전원 스위치를 닫는다.

c) 전압 조정기를 시계 방향으로 서서히 돌려서 전압계 V_1의 전압이 208[Vac]가 되게 하고 이때 I_1, W_1, W_2, 속도계의 값을 [표 1]에 기록한다.

d) 무부하 실험이 끝나면 전압 조정기를 반시계 방향으로 끝까지 돌린 후, 전원 스위치를 열어둔다.

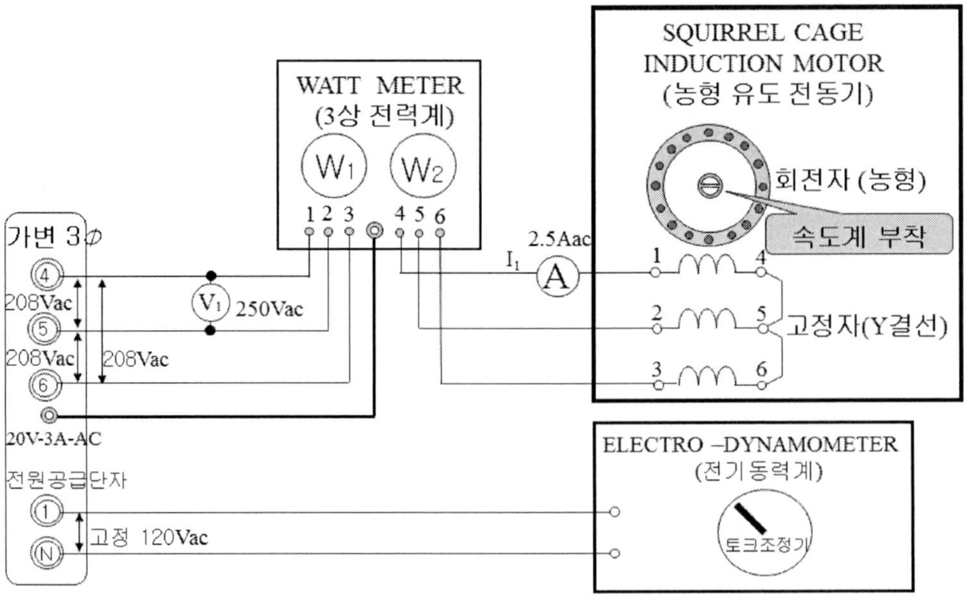

그림 6-1. 3ø 농형 유도 전동기의 실험

Ⅱ. 농형 유도전동기의 부하 특성 실험

a) 타이밍 벨트로 3ø농형 유도 전동기의 축과 전기 동력계 축을 커플링 한다.

b) 그림 6-1과 같이 전원공급 장치의 ①과 Ⓝ단자를 전기 동력계 입력의 두 단자와 접속한다.

c) 전원 스위치를 닫고, 전압 조정기를 서서히 시계 방향으로 돌려 전압계 V_1의 전압이 208[Vac]가 되게 맞춘다.

d) 유도 전동기가 안정 상태의 속도로 회전한다고 생각 될 때, 전기동력계의 토크 조정기를 시계 방향으로 서서히 돌려 토크의 눈금이 3[1bf.in]이 되게 맞춘 다음 I_1, W_1, W_2, 속도계의 값을 [표 1]에 기록한다.

e) 같은 방법으로 6[1bf.in], 9[1bf.in], 12[1bf.in]의 크기에서도 각 각의 값을 측정하여 [표 1]에 기록하고 실험이 끝나면 전기동력계의 토크 조정기를 반시계 방향으로 끝까지 돌리고, 또 전압 조정기를 반시계 방향으로 끝까지 돌린 후, 전원 스위치를 열어 둔다.

	토크 [lbf·in]	V_1 [V]	I_1 [A]	W_1 [W]	W_2 [W]	속도 [rpm]	유효 전력 P[W]	피상 전력 P_a[VA]	무효 전력 Q[Var]	역율 [%]	출력 P_o [HP]	출력 P_o [W]	효율 η [%]	슬립 s
무부하	0		$I_o=$											
부하시	3													
"	6													
전부하	9													
과부하	12													

[표 1] 무부하 및 부하시 실험결과

Ⅲ. 다음의 값을 계산하여 [표 1]에 작성

a) 유효 전력(입력) : $P = W_1 + W_2 = (\quad) + (\quad) = (\quad)$[W]

b) 피상 전력 : $P_a = \sqrt{3}\, V_1 I_1 = \sqrt{3} \times (\quad) \times (\quad) = (\quad)$[VA]

c) 무효 전력 : $Q = \sqrt{(P_a)^2 - P^2} = \sqrt{(\quad)^2 - (\quad)^2} = (\quad)$[Var]

d) 역률 :

$$\cos\theta = \frac{P}{P_a} \times 100 = \frac{(\quad)}{(\quad)} \times 100 = (\quad)[\%]$$

e) 출 력 :

$$P_o = \frac{1.59 \times (\quad)[\text{rpm}] \times (\quad)[\text{lbf} \cdot \text{in}]}{100{,}000}$$

$=(\quad)$[HP]

$P_o = 746 \times (\quad)$[HP]$=(\quad)$[W]

f) 효 율 :

$$\eta = \frac{\text{출력}[\text{W}]}{\text{입력}[\text{W}]} \times 100 = (\quad)[\%]$$

g) 슬립 : $(s = \frac{N_s - N}{N_s})$ 으로 계산한다.

h) 농형 유도 전동기의 실험 결과로 그림 6-2 농형 유도 전동기의 특성 곡선을 그리시오.

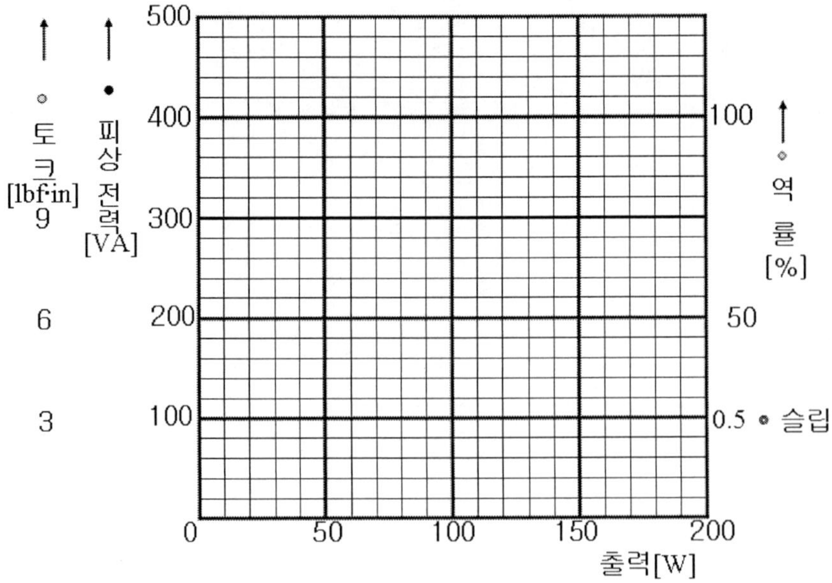

그림 6-2 농형 유도 전동기의 특성 곡선

요점

3상 유도전동기에서 회전방향을 바꾸기 위해서는 어느 상이든 1개 상은 그대로 두고 나머지 2개상의 연결을 서로 바꾸어 모터를 역방향으로 회전시킬 수 있게 된다. 그러나 각 상을 실험진행 순서 9에서와 같이 다음과 다음으로 모두 연결을 바꾸어 주게 되면 회전방향은 변하지 않는다. 또한 반대쪽으로 차례로 모두 바꾸어 주어도 회전방향은 변치 않는다.

1. 기동시의 공급전류는 정격부하 구동 시 공급전류의 몇 배(약 5～7배)이다. 그러나 기동 Torque는 기동시의 역률저하로 정격부하 구동시보다 작다.
2. 기동하는 순간에 유도모터는 큰 유도 Reactance로 인해 큰 지연위상각을 갖게 되고 이로 인해 역률(Power Factor)은 좋지 않게 된다. 다음 그림은 Slip과 Torque 그리고 Slip과 공급전류(점선)의 관계를 일례를 들어 그래프로 표시하고 있다.

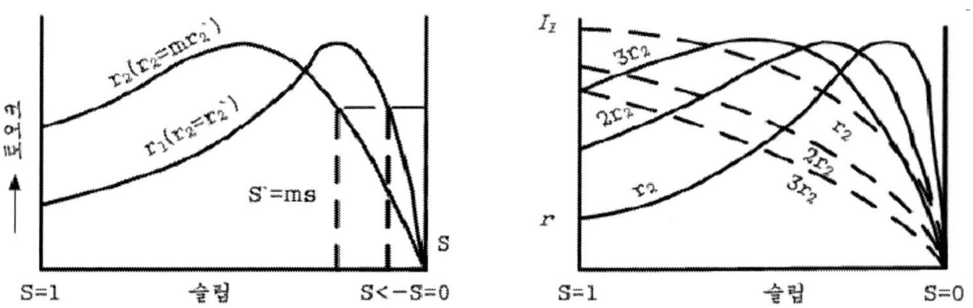

(a) 슬립과 토크의 관계 (b) 슬립과 전류의 관계

그림 6-3 슬립과 토크(a), 전류(b)의 관계

그림 6-3에서 보는 봐와 같이 Slip이 0일 때(즉, 이론상 동기속도로 회전한다고 가정할 경우) Torque는 0이며 또한 공급전류도 거의 0에 가깝게 됨을 알 수 있다. 그림에서 m : 상수, r_2 : 2차(회전자 도체) 저항을 나타낸다.

1. 실험의 목적 및 이론(과거의 관련된 연구 결과 및 이론)

2. 본론 (실험 장치 및 방법, 실험 결과와 논의)

평가

(1) 그림 6-1의 사용 모터는 3상 4극 모터이다. 실제 측정한 모터속도를 가지고 Slip 속도와 Slip율을 계산하라.

(2) [표 1]의 무부하 및 부하시 실험결과에서 부하를 점점 증가할 때 속도, 슬립, 2차 전류, 1차 전류, 역률이 어떻게 변화하는지 설명하시오.(그림 6-4를 참조)

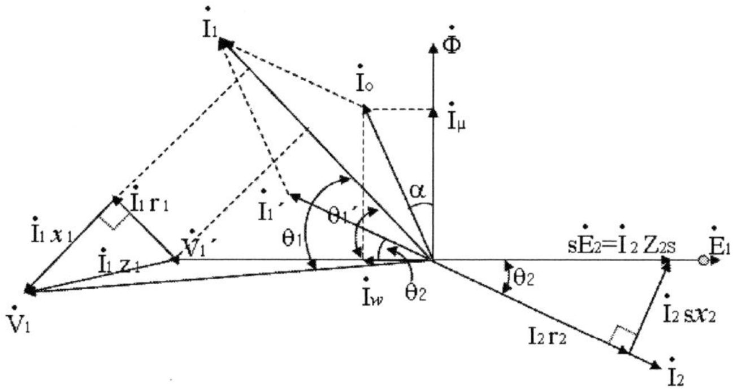

그림 6-4 유도전동기의 벡터도

(3). 무부하 및 부하 실험 결과와 최대 부하 실험 결과를 이용하여 아래의 비율을 계산하시오.

(a) 전부하 전류에 대한 최대 부하시 전류의 비를 구하시오.

설명 : 전류 비 =

(b) 전부하 토크에 대한 최대 부하시 토크의 비를 구하시오.

설명 : 토크 비 =

(c) 무부하 전류와 전부하 전류의 비를 구하시오.

설명 : 전류 비 =

(4). 농형 유도 전동기의 동작 특성과 권선형 유도 전동기의 동작 특성을 비교할 때 크게 다른 점 2가지를 쓰시오.

①

②

(5). 농형 유도 전동기를 산업사회에서 가장 많이 사용하고 있는 원인을 설명하시오.

(6). 만일 공급 전압의 주파수가 50[Hz]라고 하면

(a) 농형 전동기의 무부하 회전수를 구하시오.

(b) 여자 전류는 60[Hz]일 때에 비해 어떻게 변화될지 설명하시오.

(7). 3ϕ 농형 전동기의 여자 전류(I_o) 값은 회전자 속도에 따른 차이점을 설명하시오.

3. 결론 및 고찰

4. 참고문헌

실험 07

동기발전기의 무부하 포화곡선과 단락곡선

실험목적

3상 동기발전기의 구조를 이해하고, 무부하 포화곡선과 3상 단락곡선의 특징에 대해 알아본다.

기초지식

▶ 구조설명 :

동기기는 일반적으로 회전계자형, 즉 Rotative Field형으로 되어 있고, 반대로 Armature 권선은 고정형으로 되어 있다. 여기서 Synchronous machine으로 말하고 있는 것은 교류 회전기기들 중에서 모터와 발전기의 기능을 모두 갖고 있는 전기기계로써 Motor로 사용될 경우 입력주파수에 동기되는 회전수를 갖기 때문이며 Alternator(교류발전기)로 사용될 때에는 회전수에 비례한 출력주파수를 얻는데서 나온 명칭이다.

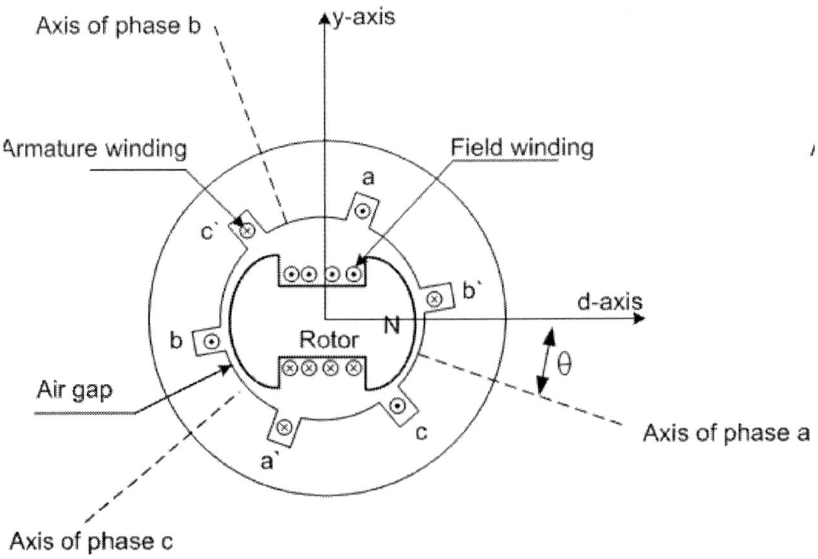

그림 7-1 3상 동기 발전기의 구조(단면도)

그림 7-1은 3상 동기기의 단면을 나타내었다. 회전자에 slip ring을 부착하여 직류 인가하여 전기 자석을 만들어 낸다. 그 전기 자석이 회전을 하여 고정자 권선에 기전력을 발생시키게 된다. 고정자의 권선은 기계적으로 120°의 위상차를 갖게 설계되어 회전자의 회전으로 3상의 기전력을 얻을 수 있다.

동기발전기는 교류전압을 발생시키는데, 이 교류전압의 주파수는 회전속도에 비례한다.

$$(f = \frac{N_s \times P}{120}[Hz],\ P: 극수,\ N_s: 동기속도)$$

동기발전기의 속도가 일정할 때, 출력전압과 자속 Φ[Wb]은 계자전류에 비례한다. 1상의 권수가 ω이면, 1상의 유도기전력 E는 $E = 4.44 f\omega\Phi$이다. 직류 계자전류 $I_f[A_{ac}]$를 점진적으로 증가시키면, 자속은 동기발전기 내의 철심을 포화시킬 정도의 높은 값에 도달하게 한다. 철심의 포화라는 것은 주어진 직류 계자전류의 증가에 비해 소량의 자속증가가 일어나는 것을 말한다. 동기발전기의 3상은 상호 간 기계적으로 같은 간격에 위치하므로, 발생 전압 간의 위상 차이는 120°이다.

▶ **무부하 포화곡선:**

발전기를 무부하 상태에서 정격속도로 운전하고, 계자전류를 0[A]에서 천천히 증가시킨 경우의 무부하 단자전압 $V_0[V_{ac}]$와 계자전류 $I_f[A_{dc}]$의 관계를 나타내는 곡선을 무부하 포화곡선이라 한다.

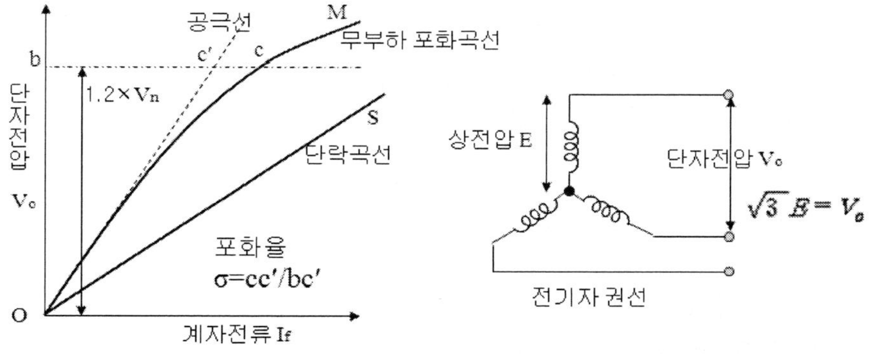

그림 7-2 (a) 무부하 포화곡선과 단락곡선 (b) 전기자 권선(Y결선)

출력전압은 회전자의 속도와 자계의 세기에 따라 변하게 되며, 회전속도가 일정하다면 발전 최대전압은 자계를 발생시키는 계자전류(Field Current)에 의존하게 된다. 이런 경우 계자전류에 의한 출력전압의 한계점을 "포화점"이라고 한다. 만약 전자석이 아닌 영구자석을 이용한 동기발전기라면 영구자석이 얼마나 강한가에 따라 최대 발전전압이 결정될 것이다.

▶ 3상 단락곡선

동기발전기의 단자를 단락해 두고 정격속도로 운전하여, 계자전류를 천천히 증가시킨 경우의 단락전류 $I_s[A_{ac}]$와 $I_f[A_{dc}]$의 관계를 표시하는 곡선을 단락곡선이라고 한다. [그림 7-2]의 단락곡선에서 곡선 OS는 이를 나타낸 것이며 거의 직선이다.

정격 출력전압을 발생하는 동기발전기가 갑자기 단락되면, 전기자권선의 저항을 무시했을 때 단락전류를 제한하는 것은 전기자 누설 리액턴스 x_l뿐이므로 대단히 큰 과도전류 (또는 돌발단락전류)가 흐르게 된다. 그 뒤에는 전기자 반작용 리액턴스 x_a가 나타나서 과도전류는 급속히 감쇠하고 결국에는 동기 리액턴스 x_a 에 의하여 지속단락전류가 된다.

$$(\text{과도전류}: I_s = \frac{E}{x_l},\ \text{지속단락전류}: I_s = \frac{E}{x_1 + x_a} = \frac{E}{x_s})$$

무부하 포화곡선상에 점 c를 정격전압 $V_n[V_{ac}]$의 1.2배로 취하고, 점 c에 횡축으로 평행선을 그은 뒤 종축과의 교점을 b라고 한다. O점에서 무부하 포화곡선에 접선(공극선)을 그어서 선 bc와 만나는 교점을 c'라 하면 포화계수는 다음과 같다.

$$\text{포화계수}: \sigma = \frac{\overline{cc'}}{\overline{bc'}}$$

▶ 동기 임피던스

정격 상전압 $E_n[V]$(Y결선일 때 $V_n/\sqrt{3}$)와 E_n을 유도하는데 필요한 것이 계자전류일 때 3상 단락전류 $I_s[A]$와의 비율로 구해진다.

$$Z_s = \frac{E_n}{I_s} = \frac{V_n/\sqrt{3}}{I_s}$$

▶ 1 [lbf*in] = 0.112985 [N*m]

실험준비

※ 전원공급장치 (0-120/120[V_{dc}]) : EMS 8821

※ 동기전동기/발전기 : EMS 8241

※ 직류전동기/발전기 : EMS 8211

※ 교류전압계 (250/250/250[V_{ac}]) : EMS 8426

※ 직류전압전류계(2.5[A_{dc}]) : EMS 8412

※ 동기 스위치 : EMS 8621

※ 리드선 : EMS 8951

※ 교류 전류계(2.5[A_{ac}]) : EMS 8425

※ 타이밍 벨트 : EMS 8942

※ DMM

실험순서

(1) 동기발전기, 직류 분권전동기, 전원공급장치, 전압계, 전류계 등을 사용하여 [그림 7-3]와 같이 결선한다.

(2) 동기 발전기의 구동용으로 사용하는 직류 분권전동기의 결선은 전원공급 장치의 고정 120[Vdc] 단자 ⑧과 Ⓝ으로 결선한다.

(3) 동기 발전기의 회전자는 전원공급 장치의 가변 120[Vdc] 단자 ⑦과 Ⓝ에 결선한다.

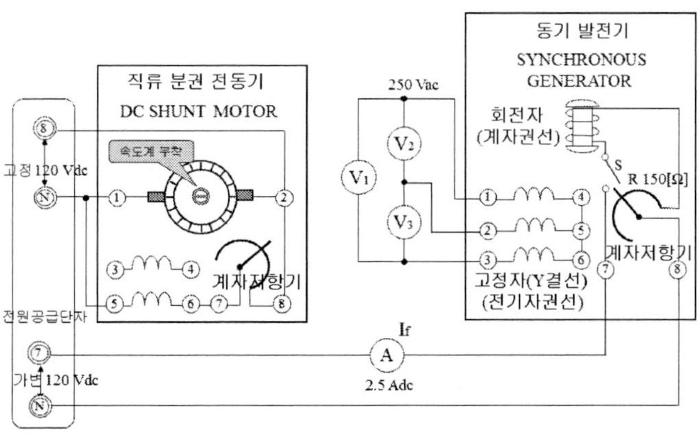

그림 7-3 동기 발전기의 무부하 포화곡선 실험

(4) 타이밍벨트를 사용하여 직류 분권전동기와 동기 발전기를 커플링 한다.

(5) 직류 분권전동기의 계자전류를 최대로 하기 위해 계자 저항기를 시계방향으로 끝까지 돌린다.(최소 계자 저항 0[Ω])

(6) 동기 발전기의 계자전류를 최소로 하기 위해 계자 저항기를 반시계방향으로 끝까지 돌린다. (최대저항 150[Ω])

*** 3상 동기 발전기의 무부하 포화곡선**

(1) 전원을 켠다. 분권전동기의 속도는 항상 1,800[rpm]이 되도록 분권전동기의 계자 저항기를 조정한 후에 고정한다.

(2) 동기발전기의 계자전류(I_f)가 0[Adc]인 상태에서도, 선간전압 V_{1-3}(전압계V_1), V_{1-2}(전압계V_2), V_{2-3}(전압계V_3)를 측정해서 [표 7-1]에 기록한다.

(3) 만일 동기발전기에 스위치 S가 장착되어 있으면, 이 순간 닫는다. 그리고 동기발전기의 계자전류(I_f)를 0[Adc]으로 부터 0.1[Adc]까지 증가시킨다.

(4) 세 개의 선간전압 V_{1-3}, V_{1-2}, V_{2-3}를 측정한 후 [표 7-1]에 기록한다. [표 7-1]에 열거된 각 직류 계자전류(I_f)에 대해 (4)을 반복한다. 마지막으로 전원을 끈다.

(5) [표 7-1]에 열거된 각 계자전류(I_f [A_{dc}])에 대해 동기 발전기의 평균 선간전압(V [Vac])을 계산한 후 기록한다.

I_f [Adc]	전압계V_1 V_{1-3}[Vac]	전압계V_2 V_{1-2}[Vac]	전압계V_3 V_{2-3}[Vac]	평균 선간전압 V_l [Vac]	단락전류측정 I_s [Aac]	동기임피던스 $Z_s = \frac{V_l/\sqrt{3}}{I_s}$[Ω]
0.0						
0.1						
0.2						
0.3						
0.4						
0.5						
0.6						
0.7						
0.8						
0.85～0.9						

표 7-1 동기 발전기의 무부하 실험 결과

*** 상전압과 선간전압의 측정**

(6) 전원을 켠 후, 선간전압 V_{1-3} = 208[Vac]가 될 때까지 직류 계자전류 I_f 를 조절하기 위해 계자저항기를 조절한다. I_f , V_{1-2}, V_{2-3}를 측정해서 기록한다.

I_f =______[Adc], V_{1-3} =______[Vac], V_{1-2} =______[Vac], V_{2-3} =______[Vac]

(7) 계자저항기를 현 위치에 고정하고, 전원을 끈다. 그리고 세 개의 교류전압계를 고정자 권선의 상전압을 측정하기위해 재결선한다. (상전압을 DMM으로 측정해도 됨)

(8) 전원을 켠다. Y 결선된 고정자권선의 각 상전압을 측정해서 기록한다. 그 후에 전원을 끈다.

E_{1-4} = ______[Vac], E_{2-5} = ______[Vac], E_{3-6} =______[Vac]

*** 동기 발전기의 단락곡선**

(1) 동기스위치를 사용하여 [그림 7-4]과 같이 결선한다. 그리고 동기스위치를 열어둔다 (우측으로 닫으면 off됨).

(2) 전원을 켠 후, 직류 전동기의 속도는 항상 1,800[rpm]이 되도록 분권전동기의 계자 저항기를 조정한 후에 고정시킨다. V_{1-2} = 208[Vac]가 될 때까지 동기발전기의 계자 전류 I_f 를 조정한다. 동기스위치에 있는 세 개의 램프에 불이 켜져야 한다.

(3) 동기발전기의 계자전류 I_f 를 측정한다. (I_f =______[Adc])

(4) 동기스위치를 닫아서(좌측으로 닫으면 on) 동기 발전기를 단락시키며, 전기자 단락전류 I_s 의 움직임에 주목한다.

(5) 동기발전기의 계자전류 I_f 를 증가시켜가며 단락전류 I_s 를 측정한 후 [표 7-1]에 기록한다.

(6) 증가된 I_s 의 피크값을 적고(I_s =____[Aac]) 전압을 0[Vdc]으로 한 후에 전원을 끈다.

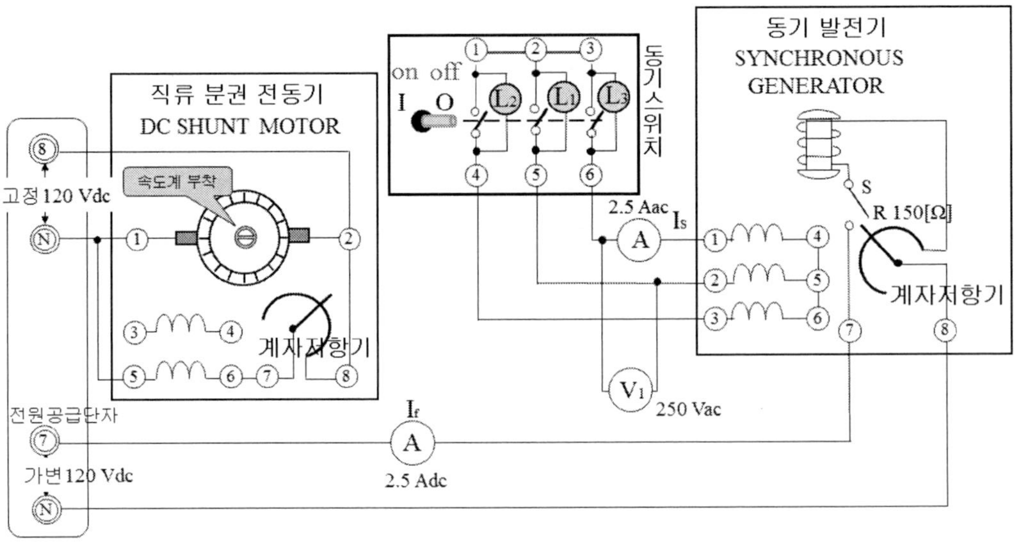

그림 7-4 동기발전기의 단락곡선 실험

요점

1. 교류발전기는 특별한 용도를 제외하고는 대개 60[Hz](또는 50[Hz])의 전력을 위한 것이다. 그리고 이러한 교류주파수는 발전기의 회전속도에 비례하므로 안정된 전원주파수를 위해서 회전속도는 일정해야만 한다. 발전전압은 Field 전류의 조정 또는 Field 권선의 권수에 의해서 조정을 하게 된다.

2. 교류발전기는 출력전압이 AC이므로 이를 정류하지 않고는 자려(스스로 계자를 공급)발전기로 운영될 수 없다. 교류발전기에서도 Field 여자전류는 DC이어야 하기 때문이다.

3. 교류발전기를 처음 기동시킬 때에는 대개 외부로부터 Field 전류를 공급하고 일단 발전이 시작된 후에 자려식으로 운전된다.

1. 실험의 목적 및 배경(과거의 관련된 연구 결과 및 이론)

2. 본론 (실험 장치 및 방법, 실험 결과와 논의)

평가

(1) 동기 발전기에서 직류 계자전류 I_f 가 없어도 교류전압이 발생하는 이유를 설명하라.

(2) [표 7-1]의 결과치를 이용하여, [그림 7-5]에 유도기전력(평균전압 값) 대 계자전류(I_f) 값의 그래프(무부하 포화곡선) 그리고 단락곡선과 동기 임피던스 곡선을 그려라.

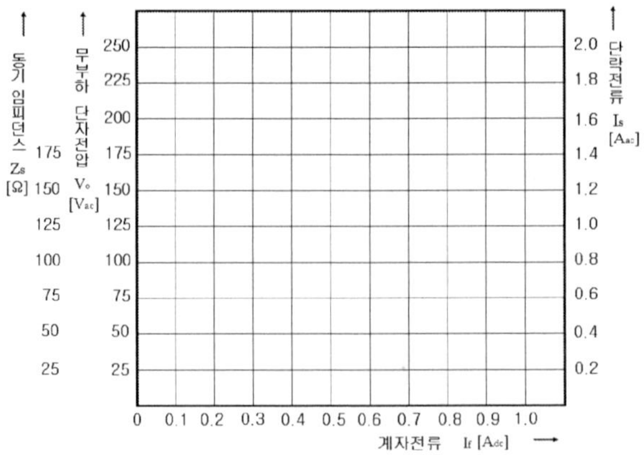

그림 7-5 3상 동기발전기의 무부하 포화곡선과 단락곡선

(3) 몇 볼트까지 그래프가 직선으로 나타나는가? 그리고 직류전류가 증가할 때 전압이 완만하게 증가하는 이유를 설명하라.

(4). 이 실험에서 최대의 유도기전력인 상태에서 포화계수를 구하라.

3. 결론

4. 고찰

5. 참고문헌

실험 08

동기발전기의 전기자 반작용

실험목적

부하 시 동기발전기의 전기자 반작용과 외부특성곡선 및 전압변동률을 이해한다.

기초지식

3상 동기발전기의 전기자권선에 평형 3상 교류전류가 흐르면 유도전동기의 경우와 같이 동기속도로 회전하는 회전자계가 생긴다. 이 회전자계는 자극과 항상 일정한 관계위치를 유지하면서 회전하며, 대부분은 직접 계자의 기자력에 영향을 미쳐서 전기자의 유도기전력을 변화시키는데 이 작용을 전기자 반작용이라고 한다.

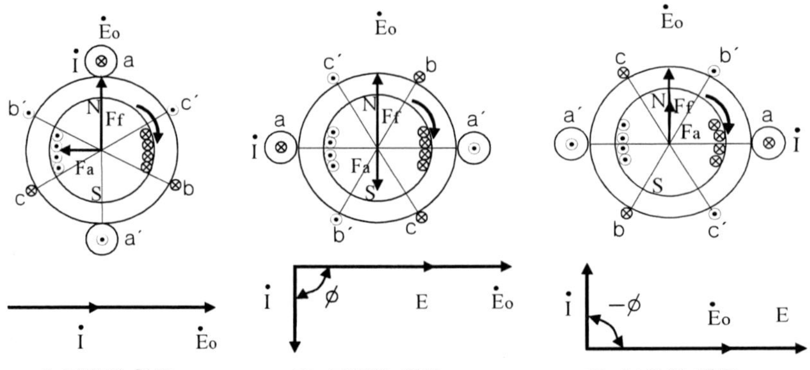

그림 8-1 전기자 반작용(1)

▷ R(저항) 부하의 영향 : 전기자전류 I가 무부하 유도기전력 E_o와 같은 위상을 가진다. 계자의 기자력 F_f와 전기자의 기자력 F_a은 $\frac{\pi}{2}$ (전기각) 만큼 떨어져 있다. 그래서 F_a은 계자의 F_f과 교차작용하고 합성기자력 F_r이 되어 정현파의 자속분포가 생긴다.

▷ XL(유도성) 부하의 영향 : 전기자전류 I가 무부하 유도기전력 E_o 보다 $\frac{\pi}{2}$ 만큼 지상된다. F_a 는 F_f 와 공간적으로 π만큼 위치가 떨어져 있으므로 F_a 는 감자작용을 하여 합성기자력 F_r 은 F_f 보다 적게 되어서 유도기전력 E 는 E_o 보다 감소한다.

▷ XC(용량성) 부하의 영향 : 전기자전류 I가 무부하 유도기전력 E_o 보다 $\frac{\pi}{2}$ 만큼 진상된다. F_a 는 F_f 와 같은 방향으로 생성되어 증자작용을 한다. 그래서 합성기자력 F_r 은 F_f 보다 커지고 E 는 E_o 보다 커진다.

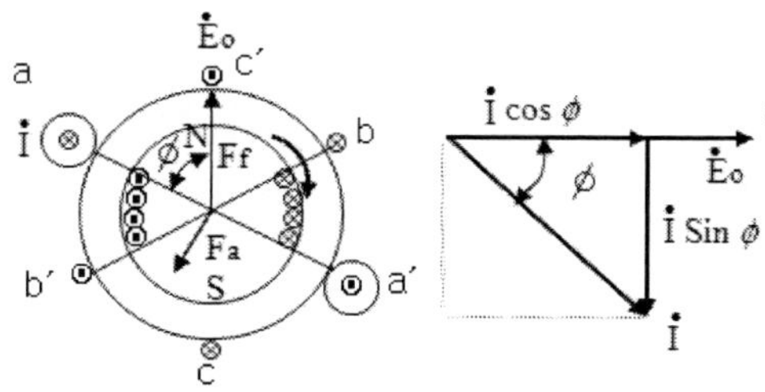

R과 XL 부하인 경우

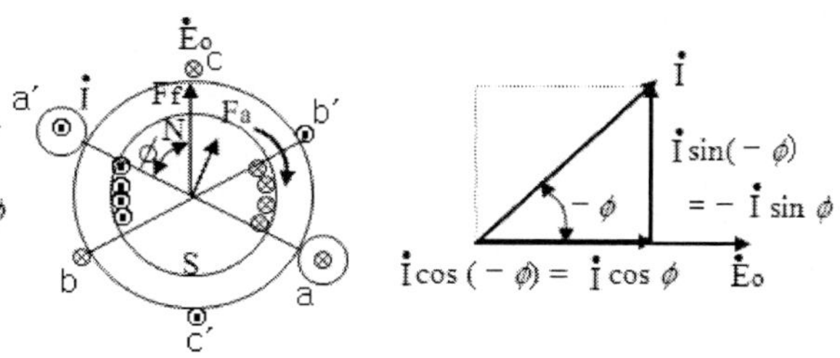

R과 XC 부하인 경우

그림 8-2 전기자 반작용(2)

▷ R과 XL 부하의 영향: 유도기전력 E_o 보다 전기자전류 I의 위상차가 ϕ 만큼 지상되며 ($\phi > 0$), I를 E_o 와의 같은 성분인 $I\cos\phi$ 와 직분각인 $I\sin\phi$ 로 나누어서 $I\cos\phi$ 는 교차작용, $I\sin\phi$ 는 감자작용을 한다.

▷ R과 XC 부하의 영향: 유도기전력 E_o 보다 전기자전류 I의 위상차가 ϕ 만큼 진상되며($\phi<0$), [그림 12-3]과 같이 I를 E_o 와의 같은 성분인 $I\cos\phi$ 와 직분각인 $-I\sin\phi$로 나누어서 $I\cos\phi$ 는 교차작용, $-I\sin\phi$는 증자작용을 한다.

이와 같이 동기발전기의 전기자 반작용은 진상역률의 부하시에는 회전자의 자속을 증가시키는 증자(자화)작용을 하고, 반면에 지상역률의 부하시에는 회전자의 자속을 감소시키는 감자작용을 한다. 고정자의 기자력이 회전자의 자속에 중대한 영향을 미치기 때문에, 동기발전기의 전압조정은 매우 저조하며, 직류 계자전류는 가변 부하조건 하에서 전압을 일정하게 유지되도록 지속적으로 조정되어야 한다.

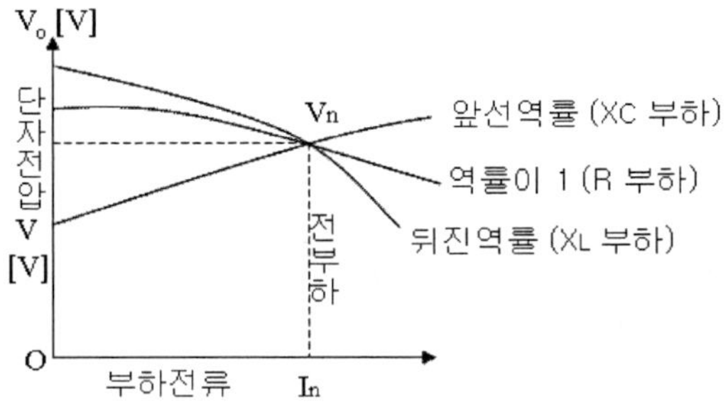

그림 8-3 외부특성곡선

발전기를 정격속도로 운전하고 지정한 역률의 정격전류가 흐를 때, 정격전압이 유기되도록 계자전류를 정하고 그대로 유지한다. 그리고 나서 부하전류를 바꿀 때 단자전압과 부하전류의 관계를 나타내는 곡선을 외부특성곡선이라고 한다.

여자 및 속도를 변경하지 않고 정격역률에 대한 정격출력에서 무부하로 하였을 때 발전기의 전압변동비율을 전압변동률이라 한다. 정격단자전압을 $V_n\,[\mathrm{V}]$, 정격출력에서 무부하로 하였을 때의 단자전압을 $V_o\,[\mathrm{V}]$ 라 하면 전압변동률은 다음 식으로 표시된다.

$$\text{전압변동률} = \frac{V_o - V_n}{V_n} \times 100\,[\%]$$

만약 3상 동기발전기에 불평형 부하를 걸어 한 상에 과부하가 걸릴 경우, 고정자 권선내에 IR_a 과 IX_L의 전압강하가 생겨서 단자전압이 감소하며 이러한 전압감소는 직류 계자전류의 수정에 의해 보상되지 않는다. 그 이유는 다른 두 상 전압 역시 변화되기 때문이다. 따라서 3상 동기 발전기에는 불평형된 부하를 걸지 말아야 한다.

실험준비

※ 전원공급장치 (0-120[Vdc]) : EMS 8821

※ 동기전동기/발전기 : EMS 8241

※ 교류전압계 (250/250/250[Vac]) : EMS 8426

※ 교류전류계 (2.5/2.5[Aac]) : EMS 8425

※ 직류전동기/발전기 : EMS 8211

※ 리드선 : EMS 8951

※ 회전 속도계 : EMS 8920

※ 타이밍 벨트 : EMS 8942

※ 저항기 : EMS 8311

※ 콘덴서 : EMS 8331

※ 인덕턴스 : EMS 8321

실험순서

(1) 동기 발전기, 직류 분권전동기, 저항기, 전원공급 장치, 전압계, 전류계 등을 사용하여 [그림 8-2]와 같이 결선한다. 평형 저항부하는 Y결선으로 되어있다.

(2) 동기 발전기의 회전자는 전원공급 장치의 가변 120[Vdc] 단자 ⑦과 Ⓝ에 결선한다. 동기 발전기의 구동용으로 사용하는 직류 분권전동기의 결선은 전원공급 장치의 고정 120[Vdc] 단자 ⑧과 Ⓝ에 결선된다.

(3) 타이밍벨트를 사용하여 직류 분권전동기와 동기 발전기를 커플링 한다. 그리고 직류 분권전동기의 계자전류를 최대로 하려고 계자 저항기를 시계방향으로 끝까지 돌린다.(최소 계자 저항 0[Ω])

(4) 동기 발전기의 계자전류를 최소로 하려고 계자 저항기를 반시계방향으로 끝까지 돌린다. (최대저항 150[Ω])

(5) 각 상의 저항부하가 300[Ω]이 되도록 조정한다.

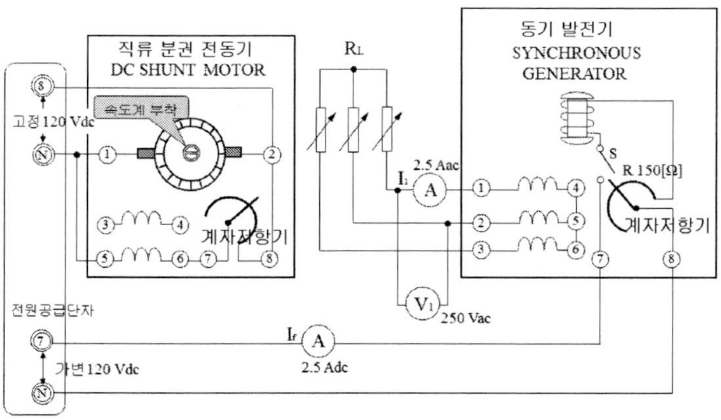

그림 8-2 동기발전기의 전기자 반작용 실험도

*** 전압변동률 실험**

(1) 전원을 켠 후, 전동기의 속도는 최대한 1,800[rpm]정도가 되도록 분권전동기의 계자 저항기를 조정한다.

(2) 만일 동기 발전기에 스위치 S가 장착되어 있으면, 이 순간 닫는다.

(3) 정격전압 V_n=208[Vac]가 될 때까지 동기 발전기의 계자저항기를 서서히 조정한다. I_f 와 전부하전류 I_1 를 측정해서 [표 1]에 기록한다.

(4) 동기 발전기의 무부하를 위해 세 개의 저항스위치를 개방한 후, 무부하 유도기전력 V_o(무부하 단자전압)과 직류 계자전류 I_f 을 측정해서 [표 1]과 [표 2]에 기록한다. 필요시 직류 전동기의 속도가 1,800[rpm]이 되도록 계자 저항기를 재조정한다.

(5) 전압을 0[Vdc]으로 한 후에 전원을 끄고 동기 발전기의 전압 변동률을 계산한다.

(6) 300[Ω]의 유도성 리액턴스 부하 실험 시, 저항 부하를 유도성 리액턴스(X_L)부하로 대체하고 각 상의 리액턴스(X_L)가 300[Ω]으로 되도록 유도 부하를 조정한다. 그 후, 실험 순서 (1) ~(5)를 반복하고 [표 1]에 기록한다.

(7) 300[Ω]의 유도성 리액턴스 부하 실험 시, 유도성 리액턴스(X_L)를 용량성 리액턴스 (X_C)로 대체하고 각 상의 용량성 리액턴스 (X_C)가 300[Ω]으로 되도록 콘덴서를 조정한다. 그 후, 실험 순서 (1) ~(5)를 반복한고 [표 1]에 기록한다.

각 상의 부하	c) 정격전압 V_n =208[Vac]일 때		d) 무부하시		전압 변동률 [%]
	I_f [Adc]	I_1 [Aac]	V_o [Vac]	I_f [Adc]	
300[Ω]의 저항부하					
300[Ω]의 유도성 리액턴스(X_L) 부하					
300[Ω]의 용량성 리액턴스(X_C) 부하					

표 8-1 전압변동률 계산을 위한 실험 결과

* 외부특성곡선 실험

(1) 저항부하를 증가하는 경우, 전원을 올리고 전동기의 속도가 1,800[rpm]이 되도록 직류전동기의 계자 저항기를 조정한다.

(2) 만일 동기 발전기에 스위치 S가 장착되어 있으면, 이 순간 닫는다.

(3) 무부하를 위해 세 개의 저항스위치를 개방한 후, 전압변동률 실험의 무부하 단자전압([표 1]의 V_o [Vac])이 될 때까지 동기 발전기의 직류 계자전류(I_f)를 조정한다.

(4) 동기 발전기의 각 상의 저항부하가 1,200[Ω]되도록 저항스위치를 닫은 후, 단자전압 V_1[V_{ac}]와 부하전류 (I_1)를 측정해서 [표 2]에 기록한다. 직류 전동기의 속도가 1,800[rpm]이 되도록 필요시 재조정한다.

(5) [표 2]의 각 저항 부하값에서 (4)와 같이 반복한다. 그 후에 전압을 0[Vdc]으로 한 후에 전원을 끈다.

(6) 유도성 리액턴스(X_L) 부하를 증가하는 경우, 저항부하를 유도성 리액턴스(X_L) 부하로 교체하고 실험순서 (1) ~(5)을 반복한다.

(7) [표 2] 실험결과로서 [그림 8-3]에 외부특성곡선을 그린다.

(8) 용량성 리액턴스(X_C) 부하를 증가하는 경우, 저항부하를 용량성 리액턴스(X_C) 부하로 교체하고 실험순서 (1) ~(5)을 반복한다.

(9) [표 2] 실험결과로서 [그림 8-3]에 외부특성곡선을 그린다.

	d) 무부하시			1,200 [Ω]	600 [Ω]	400[Ω] (1200[Ω]과 600[Ω]병렬)	300 [Ω]	240[Ω] (1200[Ω]과 300[Ω]병렬)
	V_o [Vac]	I_f [Adc]						
저항부하			V_1 [Vac]					
			I_1 [Aac]					
유도성 리액턴스(X_L) 부하			V_1 [Vac]					
			I_1 [Aac]					
용량성 리액턴스(X_C) 부하			V_1 [Vac]					
			I_1 [Aac]					

표 8-2 외부특성곡선 실험 결과

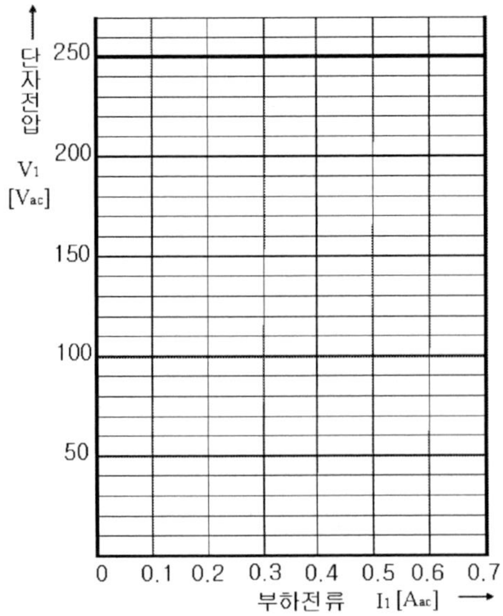

그림 8-3 외부특성곡선

요점

1. 교류발전기의 부하가 용량성부하(Capacitive Reactance)인 경우 부하전류는 전압보다 위상이 앞서게 된다. 그러나 유도성부하(Inductive Reactance)인 경우는 전류는 전압보다 위상이 뒤지게 된다. 따라서 이 때문에 역률(Power Factor)이 있게 되며 이것은 무효전력이 있음을 나타내게 된다. 역률은 피상전력을 EI 라 하고 유효전력을 $EI\cos\theta$ 라 할 때 $EI\cos\theta \ / \ EI = \cos\theta$ 로 나타낸다.

2. 교류발전기의 Armature는 유도성을 갖고 있기 때문에 여기에 용량성부하가 있게 되면 역률이 서로 반대로 작용하여 손실전력을 작게 하므로 역률이 개선된다. 더 나아가 부하에 R성분 부하가 적은 경우 Armature의 X_L 과 부하의 X_C 는 서로 직렬공진특성과 같이 작용하여 발전전압보다 단자전압이 더 올라갈 수도 있게 된다.

1. 실험의 목적 및 배경(과거의 관련된 연구 결과 및 이론)

2. 본론 (실험 장치 및 방법, 실험 결과와 논의)

평가

(1) 용량성 리액턴스(X_C)부하가 증가하면 동기발전기의 전압이 함께 증가하는 이유가 무엇인가?

(2) 동기발전기의 회전자가 정격전력일 때 높은 역률부하보다 낮은 역률부하에서 더 많은 열을 발생하는 이유는 무엇인가?

(3) 동기발전기에서 뒤진 역률(유도성 부하)인 경우와 앞선 역률(용량성 부하)인 경우에 전압변동률은 어떻게 되는지 설명하라.

(4) 동기기의 전기자 반작용은 역률에 따라 어떻게 변하는지 설명하라.

3. 결론

4. 고찰

5. 참고문헌

실험 09

동기전동기의 구조, 기동특성 및 위상특성

실험목적

동기전동기의 구조를 알아보고 기동특성, 위상특성을 이해한다.

기초지식

고정자(전기자) 권선에 교류의 3상 전원을 공급하면 고정자권선을 감은 방법에 따라 극수 P가 형성되며, 이 극이 회전하는 것을 회전자계라고 하며 회전자계의 속도는 동기속도(N_s)라고 한다.

$$N_s = \frac{120f}{P}[\text{rpm}]$$ 단, f : 주파수[Hz], P : 고정자 극수(전기자권선의 극수)

유도전동기와 마찬가지로 동기전동기는 회전자계를 이용한다. 그러나 유도전동기와는 달리 발생토크는 회전자내의 유도전류(2차전류 I_2)에 의존하지 않는다. 직류 계자전류 I_f가 회전자권선에 가해지면 N극과 S극이 형성되는데 이것을 회전계자형이라고 한다. 고정자의 회전자계와 회전자의 자극간에 흡인력이 작용하여 회전자가 회전자계와 같이 동기속도로 회전하게끔 만들어져 있다.

동기전동기는 기동시에 회전자가 정지상태에서 갑자기 동기속도로 진입할 수가 없으므로 기동토크가 거의 0이며 자체적으로 기동을 할 수가 없다. 그러므로 동기전동기들은 기동장치를 필요로 한다. 회전자의 표면에 제동권선(유도전동기의 농형권선과 같은 모양)을 설치해서 유도전동기의 원리로서 기동이 된다. 이 제동권선은 난조를 방지하는 역할도 한다.

동기전동기는 일정한 공급전압에서 출력을 일정하게 유지하고, 계자전류를 변화시키면, [그림 16-1]과 같이 전기자전류와 역률이 변화하는데 이것을 위상특성곡선(V곡선)이라 하며 블론델(Blondel) 원선도에 의해서 구한다. 계자전류 I_f를 과계자로 하면 진상역률이 되며 전력용 콘덴서로서 작용하고, I_f를 부족계자로 하면 지상역률이 되며 리액터로서 작용한다. 전기자 전류가 최소일 때는 역률이 1인 상태이다. 이러한 작용을 이용을 이용한 것이 동기조상기의 원리가 된다.

동기조상기가 유도기 또는 지상역률인 기타 전기기구들과 함께 같은 전력시스템에서 사용될 때, 동기전동기에 공급되는 진상무효전력은 다른 전기기구의 지상무효전력을 보상하기 때문에 전력시스템의 전체역률을 개선시킨다.

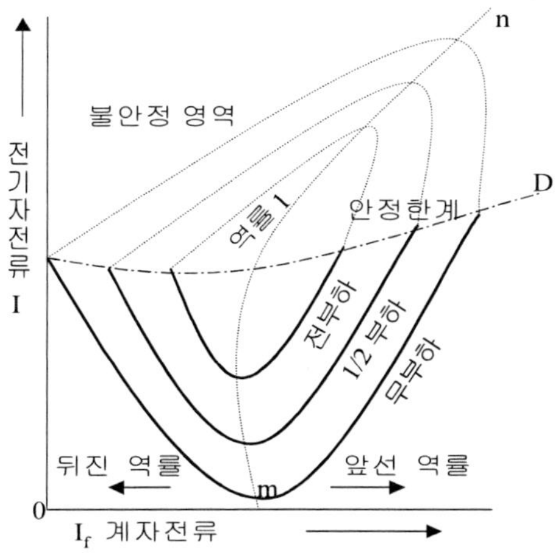

그림 9-1 위상특성곡선(V곡선)

실험준비

※ 전원공급장치 (0-120/208[Vdc], 3ϕ) : EMS 8821

※ 동기전동기/발전기 : EMS 8241

※ 직류전압전류계 (0.5/2.5[Adc]) : EMS 8412

※ 교류전압계 (250/250[Vac]) : EMS 8426

※ 교류전류계 (2.5/8[Aac]) : EMS 8425

※ 리드선 : EMS 8951

※ 회전 속도계 : EMS 8920

※ 타이밍 벨트 : EMS 8942

※ 전기동력계 : EMS 8911

※ 3상 전력계 : EMS 8441

실험순서

(1) 동기전동기, 슬립링, 계자저항기, 결선단자, 결선 등에 주목하면서 구조를 살펴본다.

***모듈 뒷면으로부터 전동기를 볼 때**

(2) 2개의 슬립링과 브러시를 찾아보고 브러시는 이동하지 않는 것을 확인한다.

(3) 회전자의 표면에 있는 제동권선(damper winding)을 찾고, 그 밑에 있는 4개의 돌극(철극)을 찾는다.

(4) 고정자 권선을 찾고 이 권선이 3상 농형 유도전동기, 권선형 유도전동기의 고정자권선과 같다는 것을 확인한다.

***모듈의 표면판을 볼 때**

(5) 3개의 분리된 고정자권선은 각각 단자 1과 4, 단자 2와 5, 단자 3과 6에 연결되어 있다.

(6) 고정자 권선의 정격 상전압은 120[Vac], 정격전류(I_{1n})는 0.8[Aac]이다.

(7) 정격전압이 120[Vdc]인 회전자권선은 150[Ω]의 계자저항기를 지나 단자 7과 8에 연결되어 있다.

(8) 동기전동기의 정격속도는 1,800[rpm], 출력은 1/4 [HP] $= 186.5[\mathrm{W}]$ 이다.

▶동기전동기의 계자권선을 여자상태에서의 실험(기동이 되지 않음)

(1) [그림 9-2]의 실험을 하기위해서 타이밍벨트를 사용하여 동기전동기와 전기동력계를 커플링 한다

(2) 전기동력계는 전원공급 장치의 고정 120[Vac]출력 단자 ①과 Ⓝ으로 결선한다. 전기동력계의 토크조절기를 40[%]의 위치에 회전시켜 둔다.(이 상태는 동기전동기에 기계적 부하를 전기동력계로 걸은 상태가 된다)

(3) 동기전동기의 회전자는 전원공급 장치의 고정 120[Vdc] 단자 ⑧과 Ⓝ으로 결선하고, 동기전동기의 계자전류를 최대로 하기위해서 계자 저항기를 시계방향으로 끝까지 돌린다. (최소 계자 저항 0[Ω])

(4) 동기 전동기의 회전자 스위치 S를 닫는다.

(5) 고정자에 전원을 넣는다.(주의! 전원을 10초이내 동안만) 부하가 있을 때 전동기는 기동되지 않으며 계속 진동하고 덜컹거린다.

(6) 고정자의 전류는 4.5[Aac]부근에서 오르내린다. 전원을 끈다.

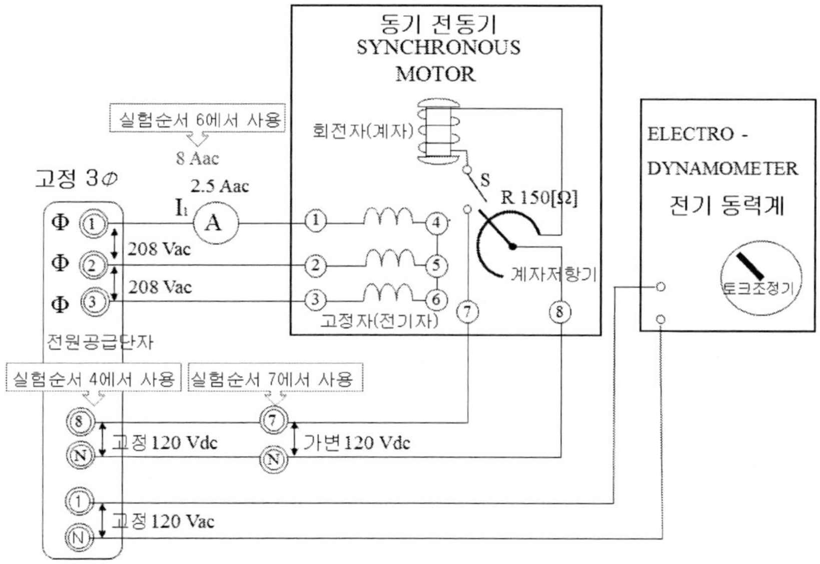

그림 9-2 동기전동기 실험 결선도

▶제동권선에 의해 기동한 후에 동기전동기로 된 상태

(1) 동기전동기의 회전자 단자 7과 8을 전원공급 장치의 고정 120[Vdc] 단자 ⑧과 Ⓝ의 단자에서 가변 120[Vdc] 단자 ⑦과 Ⓝ으로 결선을 바꾼다. 동기전동기에 기계적인 부하를 최소로 걸어주기 위해서 전기동력계의 토크조절기를 반시계방향으로 끝까지 돌린다.

(2) 동기전동기의 회전자 스위치 S를 열어둔다. 고정자에 3상 전력을 공급하며 변화를 관찰한다. 이 때는 동기전동기가 유도전동기로서 동작하고 있다.

(3) 회전자의 직류전압을 0[Vdc]으로 놓은 후 스위치 S를 닫고, 회전자의 전압을 120[Vdc]로 조정하면 동요하는 고정자전류는 1.5[Aac]로 감소된다.

(4) 이 때는 동기전동기로서 동작되는 상태이다. 전압을 0[Vdc]으로 한 후에 전원을 끈다. 측정값의 환산 방법은 다음과 같다.

1[lbf] = 4.448[N], 1[in] = 0.025[m] 이므로 1[lbf.in] = 0.113 [N.m]

3상전동기의 피상전력은 $\sqrt{3}\,V_1\,I_1[\mathrm{VA}]$ (* $\tau = \frac{P_o}{2\pi n}[\mathrm{N \cdot m}]$이다)

▶동기전동기 위상특성 실험

(1) [그림 16-2]와 같이 결선한다. 고정자권선은 전력계를 거쳐서 전원공급 장치의 3상 고정 208[Vac] 단자 ①, ②, ③과 결선한다. 회전자 계자권선은 전류계를 거쳐서 전원공급 장치의 가변 120[Vdc] 단자 ⑦과 Ⓝ에 결선한다. 전압조정은 0[Vdc]으로 조정한다.

(2) 만일 동기전동기에 스위치 S가 장착되어 있으면, 이 순간 열어둔다.

(3) 동기 전동기의 계자전류를 최소로 하기위해서 계자저항기를 반시계방향으로 끝까지 돌린다. (최대 계자 저항 150[Ω])

(4) 전원을 켠다. 전동기가 회전하여야 한다. 고정자(전기자)전류 I_1 의 값을 살펴본다. 계자전류가 0[Adc]일 때 전동기는 전원공급 장치로부터 지상무효전력을 인입하여 리액터와 같아 보인다.

(5) 만일 동기전동기에 스위치 S가 장착되어 있으면, 이 순간 닫는다.

(6) 전기자전류 I_1 이 최소치에 이를 때까지 계자전류 I_f 를 증가시킨다. 두 전력계 모두 같은 (+)의 값을 가져야 하며, 전원공급 장치로부터 전동기는 저항의 부하와 같이 보인다. (즉 역률이 1인 상태이다.)

(7) I_1 , I_f , W_1 , W_2 를 측정하고 기록하는데 대략 다음과 같은 값이다.

I_1 최소 = 0.14 [Aac], I_f = 0.70 [Adc], W_1 = 25 [W], W_2 = 25 [W]

(8) I_f 를 증가시키며, 전기자 전류 I_1 이 다시 증가하기 시작함에 주목한다. 전동기는 전원공급 장치로부터 진상무효전력을 인입하며 콘덴서와 같아 보인다.

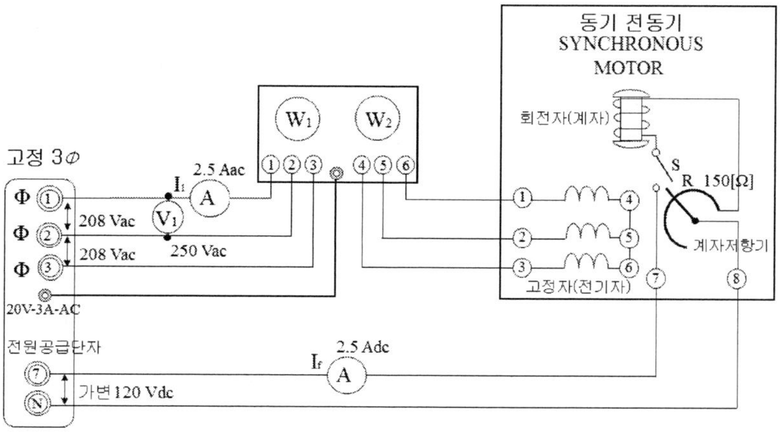

그림 9-3 동기전동기의 위상특성곡선 실험

(1) [표 1]에 열거한 각 계자전류의 값에 대해 V_1, I_1, W_1, W_2를 측정한 후, [표 1]에 기록한다. 계자전류가 0.6[Adc]를 초과할 때 가능한 한 신속히 측정한다. 전원을 끈 후, 전기자전류 I_1 이 0.5[Aac]이하로 떨어졌을 때 전류계의 측정범위를 바꾼다. (주의 : 전력계의 극성을 확인한다.)

(2) 전압을 0[Vdc]으로 한 후에 전원을 끈다.

(3) 측정결과로부터 피상전력 = $\sqrt{3}\ V_1 I_1[\text{VA}]$, 유효전력= $W_1 + W_2$

$$\text{역률} = \frac{\text{유효 전력}}{\text{피상 전력}}$$ 을 계산하여 기록한다.

I_f[Adc]	전기자전압 V_1[Vac]	I_1[Aac]	피상전력 [VA]	W_1 [W]	W_2 [W]	유효전력 [W]	역 률[%]
0							
0.1							
0.2							
0.3							
0.4							
0.5							
0.6							
0.7							
0.8							

표 9-1 3상 동기전동기의 위상특성 실험 결과

(4) [표 1]의 값을 [그림 9-4]에 곡선을 그린다.

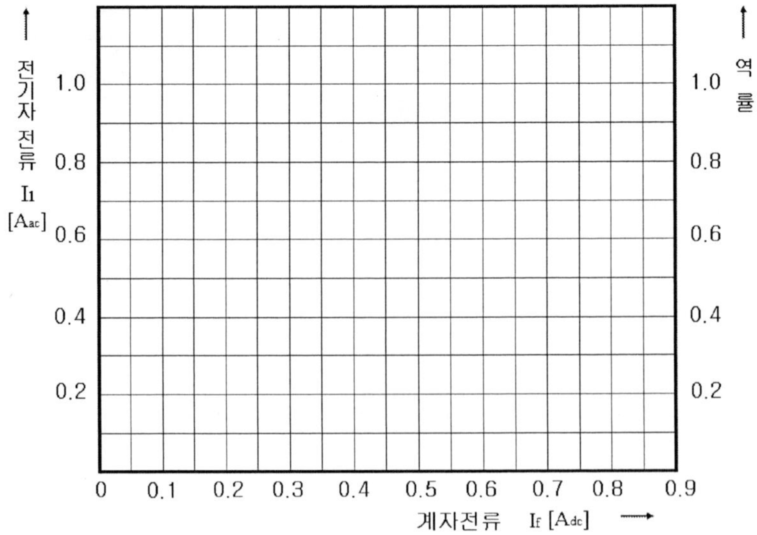

그림 9-4 3상 동기전동기의 위상특성

1. 실험의 목적 및 배경(과거의 관련된 연구 결과 및 이론)

2. 본론 (실험 장치 및 방법, 실험 결과와 논의)

평가

(1) 동기 전동기의 기동시 회전자권선 내에 큰 교류전압이 유도되는 이유를 설명하라.

(2) 동기전동기의 회전자권선이 기동시 외부저항으로 결선하는 이유 2가지를 설명하라.

(3) [그림 9-4]에 그린 두 곡선의 모양에 대해 설명하라.

(4) 동기전동기에 의해 소모된 유효전력에 대해 설명하라.

3. 결론

4. 고찰

5. 참고문헌

실험 10 직류기의 구조와 권선 저항측정

실험목적

- 직류발전기/전동기의 구조를 관찰하고 브러시의 중성축 위치 파악
- 권선의 저항을 측정

기초지식

▶ 직류기 : 직류전기에 의하여 동작되는 모든 기계를 말함, 직류 전동기 및 직류 발전기와 함께 DC Machine(Motor와 Generator의 기능을 갖는 직류 회전기)

▶ 직류 모터의 구성요소

▷ 계자(Field) : 자극과 계철로 되어 있으며 이 계자권선에 전류를 흘려주면 회전계에 자속을 발생시켜 전기자의 자극에 밀고 당기는 힘으로 회전 운동 발생

▷ 전기자(Armature) : Motor에서는 정류자를 통하여 전기자에 전류를 흘려주면 전기자는 회전하고, Generator에서는 외부의 힘에 의하여 전기자를 회전시키면 발전 전류가 정류자를 통하여 출력

▷ 정류자(Commutator) : 정류자는 전기자와 함께 하나의 회전자에 있게 되며 외부로부터의 직류전압은 정류자에 접속되는 브러시와 정류자를 통해 전기자전류를 흐르게 함

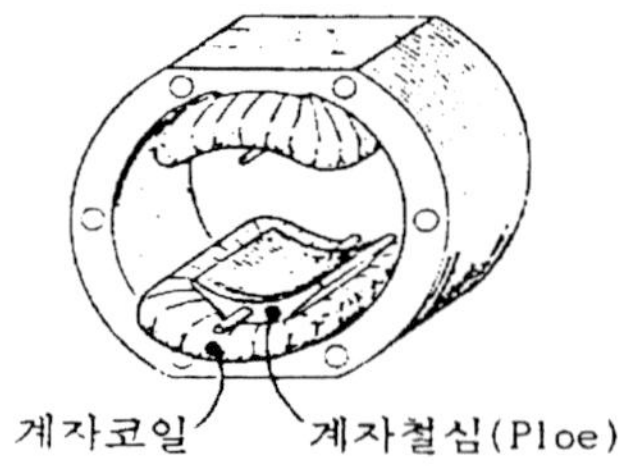

그림 10-1. 계자(2극)의 구조

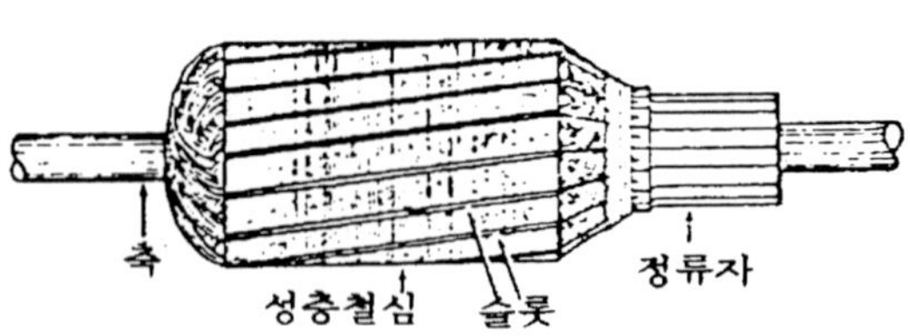

그림 10-2. 전기자와 정류자

▷ Shunt Field Coil : Armature 권선과 함께 DC 전원에 병렬로 연결

Field 권선에 흐르는 전류로 일정한 자계 발생

자계의 세기 ∝ 권선의 Turn수 * Coil의 전류값

많은 Turn수와 얇은 Coil ---> 저항값 大

▷ Series Field Coil : Armature 권선과 함께 DC 전원에 직렬로 연결

Field 권선에 흐르는 전류(Armature에 흐르는 전류)로 일정한 자계 발생

자계의 세기 ∝ 권선의 Turn수 * Coil의 전류값

적은 Turn수와 굵은 Coil ---> 저항값 小 ≒ Armature Coil의 저항값

▷ 계자 저항기 (Field Rheostat) :

가변 저항기는 Shunt Field Coil에 흐르는 전류를 가감

저항 증가되면 발전기의 경우 발전 출력전압이 감소

저항 증가되면 Shunt Motor의 경우 속도가 상승

속도 제어용은 아님

▷ Armature Coil : 브러시와 정류자를 통해 전류를 흘려줌

Field 자계에 대하여 반발과 당기는 자계를 얻음

전기에너지에서 운동에너지로 전환

효율이 가장 높도록 권선의 Turn수에 따라 Coil의 굵기 선정

▶ 1 [lbf*in] = 0.112985 [N*m]

실험개요

※ 직류 전압계와 직류 전류계를 사용하여 권선의 전압과 전류를 측정해서 발전기의 각 권선저항을 계산하는 방법을 전압강하법이라고 한다.

※ 직류기는 전동기 또는 발전기로서 동작할 수 있다.

※ 전동기는 전기적 에너지를 기계적 에너지로 바꾸는 반면, 발전기는 기계적 에너지를 전기적 에너지로 바꾼다. 따라서 발전기가 전기를 발생시키기 위해서는 기계적으로 구동시켜 주어야 한다.

실험준비

전원공급장치 (0-120[Vac], 120[Vdc])	EMS 8821	직류 전동기/발전기	EMS 8211
직류전압전류계 (20/200[Vdc], 500[mAdc], 2.5/5[Adc])	EMS 8412	리드선	EMS 8951
		교류전압계 (125[Vac])	EMS 8426

실험순서

1. 직류 전동기/발전기의 구조를 살펴본다.

   전기자권선, 자극(4개), 분권계자권선(적은 전류가 흐르므로 굵기가 가늘은 권선), 직권계자

   권선(많은 전류가 흐르므로 굵은 권선), 정류자, 정류자편(75개), 브러시(2개)로 되어 있다.

2. 분권계자권선은 단자 5와 6으로 연결되고, 직권계자권선은 단자 3과 4로 연결된다. 브러시는 단자 1과 2로 연결된다.(브러시사이에는 정류자와 전기자권선이 있다)

3. 분권계자전류를 조절하기 위하여 계자저항기(가감저항기)가 단자 7과 8으로 연결 되며 정격 저항값은 500[Ω]이다.

※ 브러시의 중성축 위치 찾기

브러시의 중성축 위치는 전동기 계철에 적색으로 표시되어 있으며, 브러시는 브러시 조정 레버를 적색선의 우측 또는 좌측으로 이동시킬 수 있도록 되어 있다.

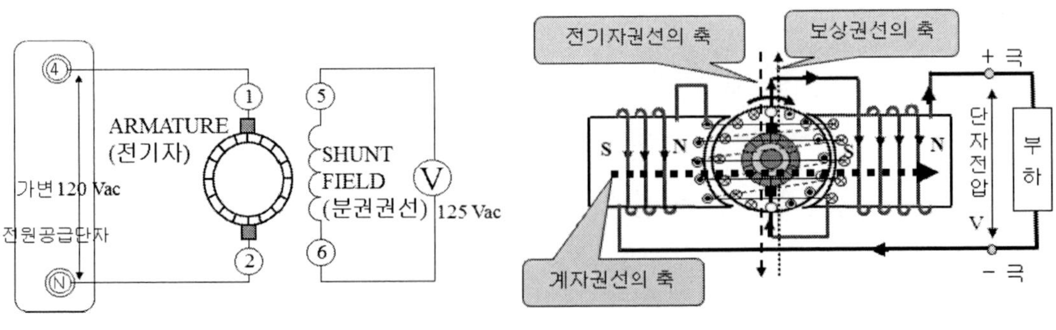

(a)실험 회로 결선도 (b) 직류 직권발전기에서 각 권선의 축

그림 10-3. 브러시의 중성축 위치 찾기

4. 그림 10-3의 (a)와 같이 회로를 결선하고, 모듈표면판 뒤의 브러시 위치조정레버를 시계방향으로 끝까지 이동시킨다. 전원공급 장치의 전압계 스위치를 ④과 Ⓝ위치에 놓고 전원을 켠다. 분권계자권선의 전압이 대략 80[Vac]가 될 때까지 전압 조정기를 서서히 돌린다.(이 때 전기자권선에 공급된 교류전압은 변압기와 같은 유도작용에 의해 분권권선에도 교류전압이 유도된다.)

5. 브러시 위치조정레버를 반시계방향으로 이동시켜 가면 분권계자권선의 교류전압은 0[Vac]으로 떨어졌다가 다시 점점 증가하게 된다. 전압이 0[Vac]이 되는 위치가 바로 중성축이다.(이 상태가 그림 10-3의 (b)와 같이 전기자권선의 축과 분권권선의 축이 수직일 때이며 상호인덕턴스가 0인 경우라서 분권권선에는 전압이 0[V]가 된다. 이런 현상을 기억해 두면 교류 정류자전동기를 이해하는데 도움이 된다.) 브러시는 항상 중성축 위치에 두어야 정류가 잘 된다. 전압 조정기를 0으로 놓고 전원을 끈다.

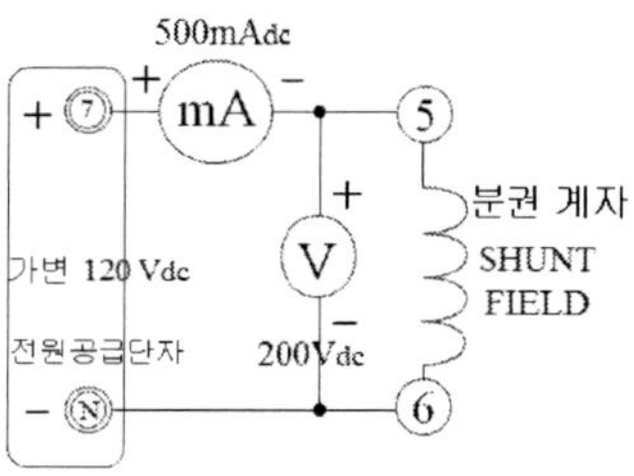

그림 10-4. 분권

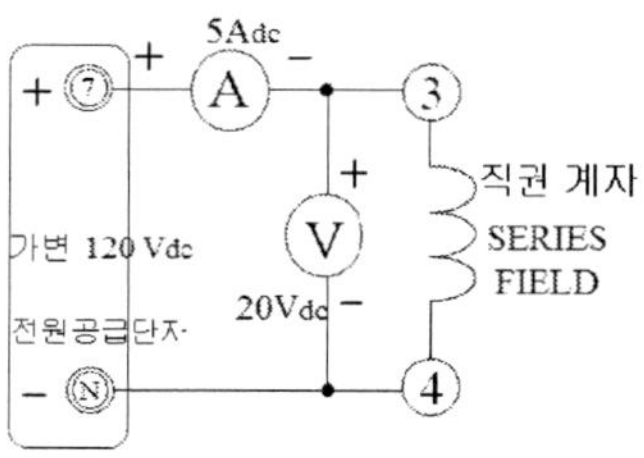

그림 10-5. 직권

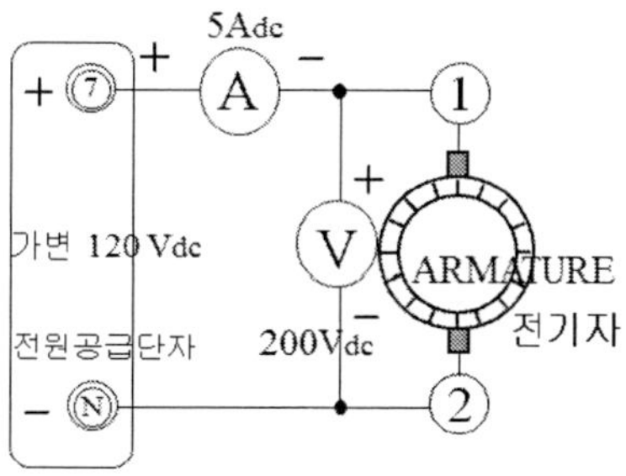

그림 10-6. 전기자 권선

6. 각 권선의 저항과 손실을 계산한다.

그림 10-4와 같이 연결하고 전원공급 장치를 켜고 분권계자권선에 0.3[Adc](공칭 전류값)가 될 때까지 직류전압을 서서히 증가시킨 다음 전압을 측정하고 전압을 0[Vdc]으로 한 후에 전원을 끈다.

설명 : 분권 계자전압 $V_{f,sh} = (\qquad)[\mathrm{V_{DC}}]$

설명 : 분권 계자저항 $R_{f,sh} = \dfrac{(V_{f,sh})[\mathrm{V}]}{(I_{f,sh})[\mathrm{A}]} = \dfrac{(\qquad)[\mathrm{V}]}{(\qquad)[\mathrm{A}]} = (\qquad)[\Omega]$

설명 : 분권 계자동손 $P_{f,sh} = I_{f,sh}{}^2 R_{f,sh} = (\quad)^2 \times (\quad) = (\qquad)[\mathrm{W}]$

7. 그림 10-5와 같이 연결하고 전원공급 장치를 켜고 직권계자권선에 3[Adc](공칭전류값)가 될 때까지 직류전압을 서서히 증가시킨 다음 전압을 측정하고 전압을 0[Vdc]으로 한 후에 전원을 끈다.

설명 : 직권 계자전압 $V_{f,se} = (\quad\quad)[\mathrm{V_{DC}}]$

설명 : 직권 계자저항 $R_{f,se} = \dfrac{(V_{f,se})[\mathrm{V}]}{(I_{f,se})[\mathrm{A}]} = \dfrac{(\quad\quad)[\mathrm{V}]}{(\quad\quad)[\mathrm{A}]} = (\quad\quad)[\Omega]$

설명 : 직권 계자동손 $P_{f,se} = I_{f,se}{}^2 R_{f,se} = (\quad)^2 \times (\quad) = (\quad\quad)[\mathrm{W}]$

8. 그림 10-6과 같이 연결하고 전원공급 장치를 켜고 전기자권선에 3[Adc]가 될 때까지 직류전압을 서서히 증가시킨 다음 전압을 측정하고 전압을 0[Vdc]으로 한 후에 전원을 끈다. (이 때 전기자가 회전하는데 그 이유는 분권이나 직권권선에 잔류자속이 있기 때문이며 전기자를 드라이버로 고정시키고 실험한다.)

설명 : 전기자권선 전압 $V_a = (\quad\quad)[\mathrm{V_{DC}}]$

설명 : 전기자권선 저항 $R_a = \dfrac{(V_a)[\mathrm{V}]}{(I_a)[\mathrm{A}]} = \dfrac{(\quad\quad)[\mathrm{V}]}{(\quad\quad)[\mathrm{A}]} = (\quad\quad)[\Omega]$

설명 : 전기자권선 동손 $P_a = I_a{}^2 R_a = (\quad)^2 \times (\quad) = (\quad\quad)[\mathrm{W}]$

1. 실험의 목적

2. 본론 (실험 장치 및 방법, 실험 결과와 논의)

평가

(1) Shunt Field와 Series Field중 어느 권선저항이 더 높은가? 그리고 그 이유를 말하라.

(2) Series Field 권선과 Armature 권선저항은 어느 것을 더 높게 하는가? 또는 같은가? 그리고 왜 그렇게 설계 되는지를 말하라.

____

____

____

____

____

____

(3) Shunt Field 권선과 직렬로 연결하는 Field Rheostat는 Shunt Field에 어떤 영향을 주기 위한 것인가? 그리고 Motor 속도에는 어떤 영향을 주는가?

____

____

____

____

____

____

(4) 만일 분권계자권선이 120[Vdc]에 의해 여자 된다면 발전기의 분권 계자전류는?

$$I_f = \frac{(\qquad)[V]}{(\qquad)[\Omega]} = (\qquad)[A_{dc}]$$

(5). 만일 발전기의 직권 계자권선에 3[Adc]의 전류가 흐른다면 전압강하의 값은?

$$V = (\qquad) \times (\qquad) = (\qquad)[V_{dc}]$$

(6) 계자저항기를 분권권선과 직렬로 연결하고 120[Vdc]전압이 걸리면 얻을 수 있는 분권계자전류의 변화는?

$$\text{최소 분권 계자전류} = \frac{(\qquad)[V]}{(\qquad)+(\qquad)} = (\qquad)[A_{dc}],$$

$$\text{최대 분권 계자전류} = \frac{(\qquad)[V]}{(\qquad)+(\qquad)} = (\qquad)[A_{dc}]$$

3. 결론

4. 고찰

5. 참고문헌

실험 11

직류 타여자 발전기

실험목적

- 직류 타여자 발전기의 무부하, 전부하 특성실험
- 타여자 발전기의 포화곡선
- 타여자 발전기의 단자 전압 대 부하전류 곡선(외부특성곡선)

기초지식

▶ 계자전류:

전기기기를 대용량으로 하기 위해서는 영구자석대신에 전자석을 사용하는데, 전자석은 철심에 계자권선을 감고 계자권선에 전류가 흐르면 자석이 되는데 이런 작용을 여자라고 하며 이 전류를 계자(여자)전류 (I_f)라고 한다.

▶ 타여자 발전기

계자전류가 전기자와 분리된 외부 직류전원으로부터 공급되는 경우의 발전기를 타여자 발전기라 하는 반면 계자전류가 발전기 자체의 전기자로부터 공급되는 발전기를 자여자 발전기라 한다.

계자권선에 직류 계자전류에 의해 여자될 때 발전기내에 자속이 형성된다.

▶ 만일, 전기자 축에 전해진 기계력에 의해 전기자가 회전하면, 전기자 권선은 자속 Φ을 끊고 전압이 유도된다. 회전수를 $N\,[\mathrm{rpm}]$라 하면 직류발전기의 전기자에는 유도기전력 $E = k\Phi N\,[\mathrm{V}]$가 유도된다. 이 유도 기전력은 교류이므로 직류로 바꾸는 역할은 정류자와 브러시가 한다.

▶ 그림 10-1과 10-2는 타여자 발전기의 그림이며 부하전류 I는 전기자전류 I_a와 같으며, 전기자 회로의 저항 R_a에 의한 전압강하 $R_a I_a\,[\mathrm{V}]$라고 하면 단자전압 $V\,[\mathrm{V}]$는 다음과 같다.

$$V = E - R_a I_a [\mathrm{V}]$$

무부하에서의 전류($I_o = I_a$)는 흐르지 않으므로 무부하 단자전압은 $V_o = E$[V]가 된다.

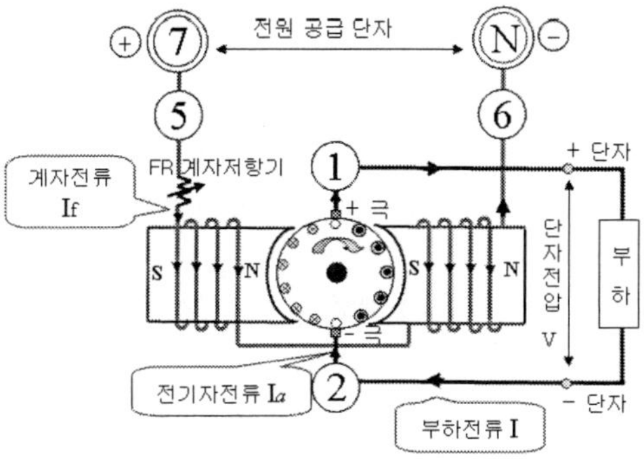

그림 11-1. 타여자 발전기의 구조도

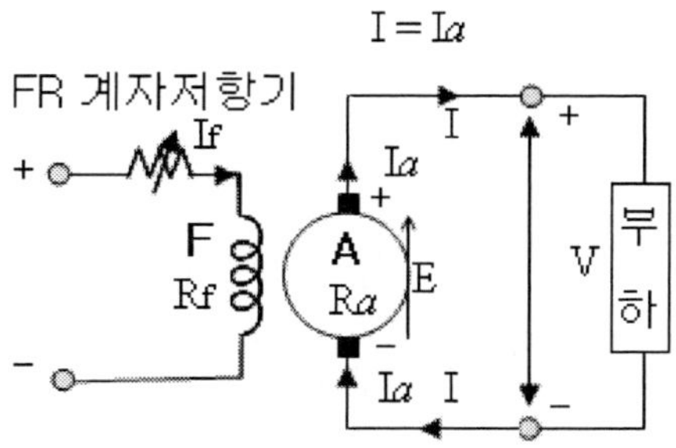

그림 11-2. 기호로 그린 타여자 발전기

실험개요

※ 직류 전압계와 직류 전류계를 사용하여 권선의 전압과 전류를 측정해서 발전기의 각 권선저항을 계산하는 방법을 전압강하법이라고 한다.

※ 직류기는 전동기 또는 발전기로서 동작할 수 있다.

※ 전동기는 전기적 에너지를 기계적 에너지로 바꾸는 반면, 발전기는 기계적 에너지를 전기적 에너지로 바꾼다. 따라서 발전기가 전기를 발생시키기 위해서는 기계적으로 구동시켜 주어야 한다.

실험준비

전원공급장치(120/208[Vac], 3ϕ, 120[Vdc])	EMS 8821	저항기	EMS 8311
직류전압전류계 (200[Vdc],500[mAdc],2.5[Adc])	EMS 8412	리드선	EMS 8951
직류 전동기/발전기	EMS 8211	타이밍 벨트	EMS 8942
동기 전동기/발전기	EMS 8241		

실험순서

1. 동기전동기는 일정속도로 운전하므로 직류발전기를 기계적으로 구동하는데 쓰인다. 전원공급 장치, 동기기를 사용하여 그림 11-3과 같이 결선한다. 이 순간 전원을 공급하지 말 것!

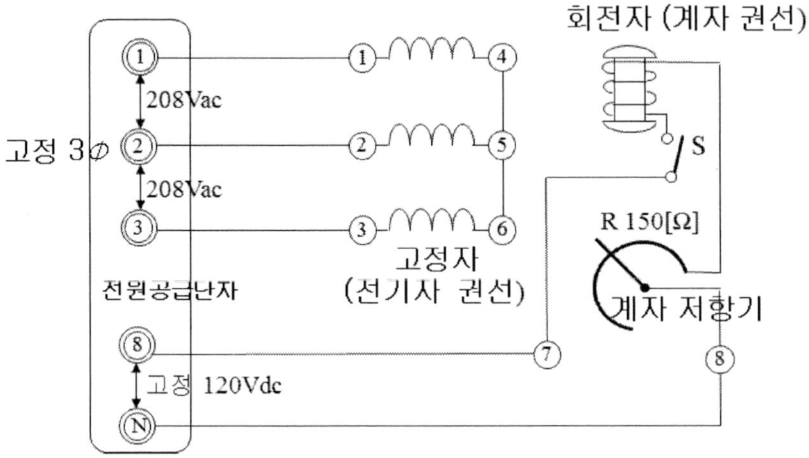

그림 11-3. 타여자 발전기를 구동하는 동기전동기

2. 전원공급 장치의 단자 1, 2, 3은 동기전동기의 고정자 권선(Y결선)에 3상전력을 공급한다. 전원공급 장치의 고정 120[Vdc] 단자 ⑧과 Ⓝ은 동기전동기의 회전자(계자)권선에 직류 계자전류 을 공급한다. 계자 저항기를 회전부분의 중간 위치에 놓는다.

※ 무부하 특성곡선

3. a) 직류 전동기, 직류전압전류계를 사용하여 그림 11-4와 같이 결선한다.
   b) 발전기의 분권계자 단자(5와 6)을 500[mAdc]전류계와 직렬로 연결해서 전원 공급 장치의 가변 120[Vdc] 단자 ⑦과 Ⓝ에 연결한다.
   c) 전기자 단자(1과 2)에 200[Vdc] 전압계를 연결한다.
   d) 타이밍 벨트를 사용하여 동기 전동기를 직류발전기에 커플링 한다.
   e) 브러시가 중성축 위치에 놓여 있는가를 살펴본다.

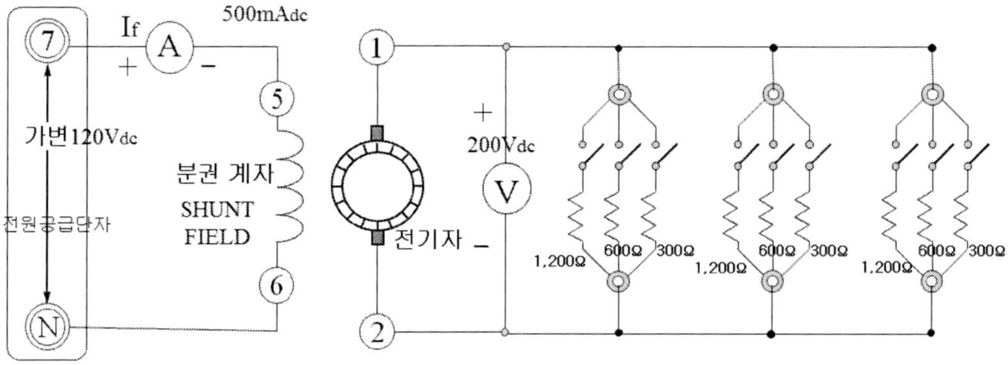

그림 11-4 직류 타여자 발전기의 무부하 실험

4. a) 전원을 켠다. 동기전동기는 시계방향으로 회전해야 한다. 이때는 제동권선에 의해 농형 유도전동기로 기동해서 회전하는 상태임. (만일 반시계방향으로 회전하면 동기 전동기의 고정자 결선 (단자 1, 2, 3)중 두 선을 바꿈으로써 동기 전동기는 시계방향으로 회전한다.)

b) 만일 동기전동기에 스위치 S가 있으면 이때에 닫는다. 그러면 동기전동기로 운전하는 상태임.

c) 전원공급 장치의 전압조정기를 회전시켜 가면서 각각의 계자전류 I_f에 해당하는 전기자의 유도 기전력 E를 측정해서 [표 11-1]에 기록하고 그림 11-5에 직류 타여자 발전기의 E대 I_f특성곡선(무부하 특성곡선)을 그린다.

d) 전압을 0[Vdc]으로 한 후에 전원을 끈다.

e) 계자전류가 0[Adc]임에도 불구하고 전기자의 유도 기전력 가 유도되는 이유를 설명하여라.

설명: ____

f) 계자전류가 증가함에 따라 곡선이 구부러지는 이유를 설명하라.

설명: ____

I_f[mAdc]	$V_o = E$[V]
0	
50	
100	
150	
200	
250	
300	
350	
400	

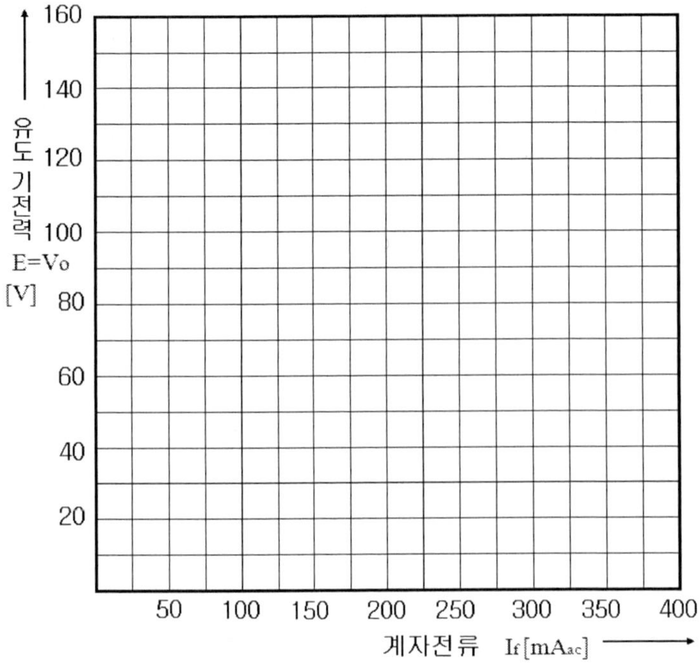

표 11-1. 무부하 실험 결과

그림 11-5. 직류 타여자 발전기의 무부하 특성곡선

※ 계자의 극성을 바꾼 경우

5. a) 계자권선의 단자 5와 6의 연결을 바꿈으로써 계자의 극성이 바뀐다.

   b) 200[Vdc] 전압계의 극성을 바꾸어 연결한다.

   c) 전원을 켠 후, 계자전류 I_f 가 300[mAdc]로 되도록 전압 조정기를 조정한다.

   d) 무부하시 단자전압을 측정해서 기록한다. $V_o = E =$ ______[Vdc]

   e) 극성이 바뀐 것을 제외하고는, 무부하시 단자전압은 실험순서 4의 값과 같은가?

   설명: ______________________________

   f) 전압을 0[Vdc]으로 한 후에 전원을 끈다.

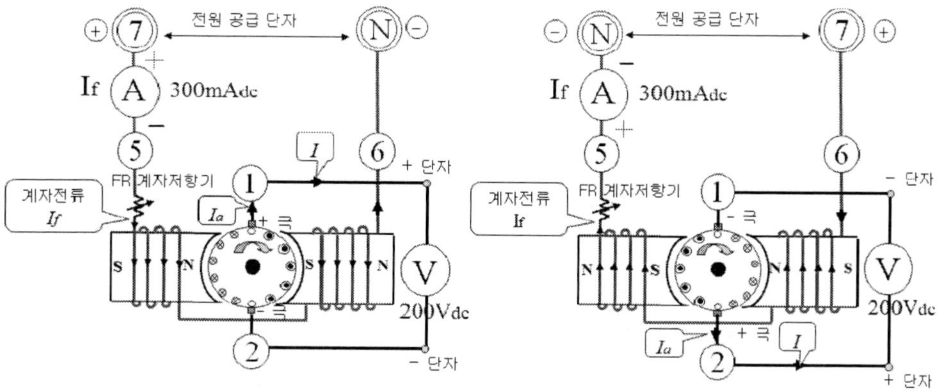

(a) 계자의 극성을 바꾸기 전 (b) 계자의 극성을 바꾼 후

그림 11-6. 계자의 극성을 바꾼 경우

※ 회전방향을 바꾼경우

6. a) 동기 전동기로의 고정자 결선 (단자 1, 2, 3)중 두 선을 바꿈으로써 동기 전동기의 회전 방향을 역으로 한다.

   b) 200[Vdc] 전압계의 극성을 바꾸어 연결한다.

   c) 전원을 켠 후, 계자전류 I_f 가 300[mAdc]로 되도록 전압 조정기를 조정한다.

   d) 무부하시 단자전압을 측정해서 기록한다. $V_o = E =$ ________[Vdc]

   e) 극성이 바뀐 것을 제외하고는, 무부하시 단자전압은 실험순서 5의 값과 같은가?

   설명: ____________________

   f) 전압을 0[Vdc]으로 한 후에 전원을 끈다.

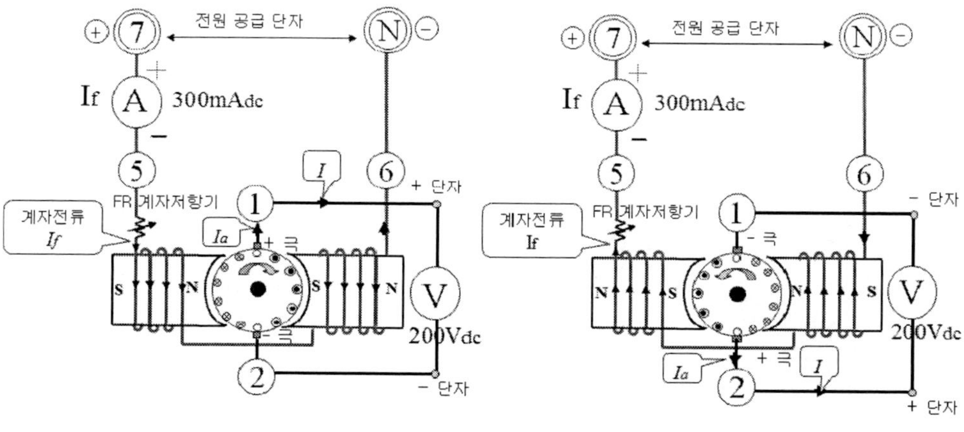

(a) 시계방향으로 회전시 (b) 반 시계방향으로 회전시

그림 11-7. 회전방향을 바꾼 경우

※ **외부특성곡선**

7. 저항기를 사용하여 그림 11-8과 같이 결선한다.

전체 부하저항이 120[Ω](300[Ω]과 600[Ω], 300[Ω]병렬)이 되도록 저항스위치를 닫는다.

8. a) 전원을 켠다. 동기전동기는 시계방향으로 회전해야 한다. 만일 동기전동기에 스위치 S가 있으면 이 때에 닫는다.

b) 발전기가 120[Vdc]의 유도기전력이 될 때까지 계자전류 I_f 를 조정한다.

전기자전류 I_a 는 1[Adc]를 나타내야 한다.

c) 분권 계자전류 I_f 를 기록한다. I_f =__________[mAdc]

I_f = 320 [mAdc]은 직류발전기의 정격출력(120[V] × 1[A] = 120[W])에서의 계자전류I_f 이다.

d) [표 1]의 각 저항 값들에 해당되는 출력 $P_o = V \times I =$ (　　　)[W]을 계산한다.

9. a) 실험순서 8에서 얻은 계자전류 I_f 는 그대로 유지시키며, [표 2]에 나열된 각 값들을 얻기 위하여 부하저항을 조정한다.

b) [표 11-2]에 열거한 각 저항 값들을 해당되는 V 와 $I_a = I$ 를 측정해서 기록하고, [표2]의 측정값을 이용해서 그림 11-9에 V 대 $I_a = I$ 곡선(외부특성곡선)을 나타내어라.

c) 전압을 0[Vdc]으로 한 후에 전원을 끈다.

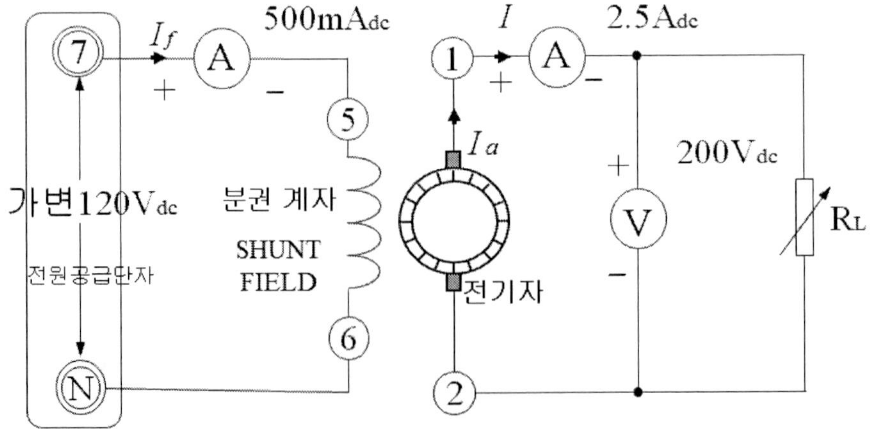

그림 11-8. 직류 타여자 발전기의 부하 실험

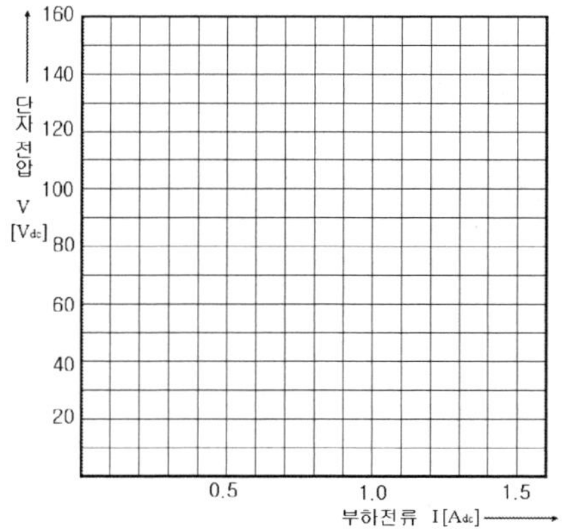

그림 11-9. 외부특성곡선

10. 표 2에 열거된 각 값에 해당되는 전력을 계산한다.

	부하저항 $R_L[\Omega]$	부하전류 I [Adc]	단자전압 V[Vdc]	출력 P_o [W]
무부하시	$\infty[\Omega]$	$I_o = 0$	$(V_o = E)$=	$P_o = 0$
부하시	600[Ω]		단자전압(V)=	
"	300[Ω]		단자전압(V)=	
"	200[Ω] (300[Ω], 600[Ω]병렬)		단자전압(V)=	
"	150[Ω] (300[Ω]과 300[Ω]병렬)		단자전압(V)=	
(전부하)	120[Ω] (300[Ω]과 600[Ω], 300[Ω]병렬)	전부하전류 I_n =	단자전압(V)=	정격출력 P_n =
부하시	100[Ω] (1,200[Ω], 300[Ω]과 1,200[Ω], 600[Ω], 300[Ω]병렬)		단자전압(V)=	
"	80[Ω] (1,200[Ω]과 1,200[Ω], 600[Ω], 300[Ω]과 1,200[Ω], 600[Ω], 300[Ω]병렬)		단자전압(V)=	
"	75[Ω] (600[Ω]과 1,200[Ω], 600[Ω], 300[Ω]과 1,200[Ω], 600[Ω], 300[Ω]병렬)		단자전압(V)=	

표 11-2. 부하 실험의 결과

* 타여자 발전기의 전기자 단자를 단락한 경우

11. a) 전기자 단자(1과 2)를 단락시킨다.

b) 타여자 발전기의 계자전류가 0[Adc]로 되도록 전원공급 장치의 전압 조정기를 반시계방향으로 돌린다.

c) 전원을 켠다.

d) 동기 전동기가 정지할 정도(이 때 소리가 요란함)까지 타여자 발전기의 계자전류(I_f)를 점차적으로 증가 시킨다. 정지할 때의 타여자 발전기의 계자전류 I_f 의 값은? I_f = 500 [mAdc]

e) 전압을 0[Vdc]으로 한 후에 전원을 끈다.

f) 타여자 발전기에서 전기자를 단락하면 동기 전동기가 정지하게 되는 이유를 설명하시오.(참조 그림 11-10)

설명:

답안: 발전기에 기계적인 힘을 가하여 회전시키면 그림 11-11과 같이 플레밍의 오른손법칙을 적용하면 기전력이 유도되고, 전기자권선에는 전기자전류가 흐른다. 이 전류와 자계와의 작용하는 힘의 방향은 그림 11-12와 같이 플레밍의 왼손법칙을 적용하면 발전기의 회전방향과는 반대가 된다. 따라서 전기자전류가 증가하면 전동기를 정지시킬 만큼 강한 제동효과가 생긴다.

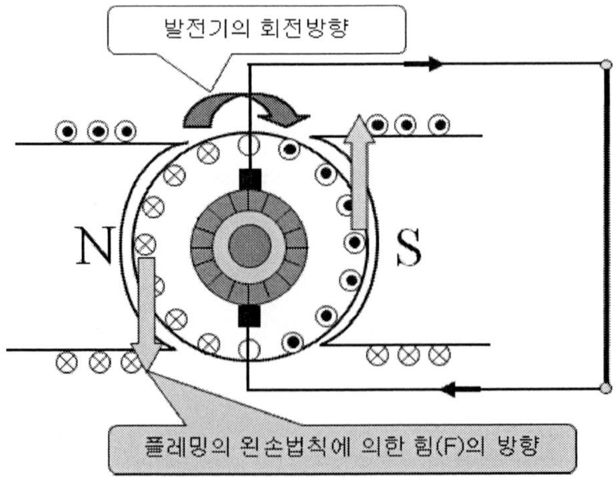

그림 11-10. 발전기의 회전방향과 힘의 방향

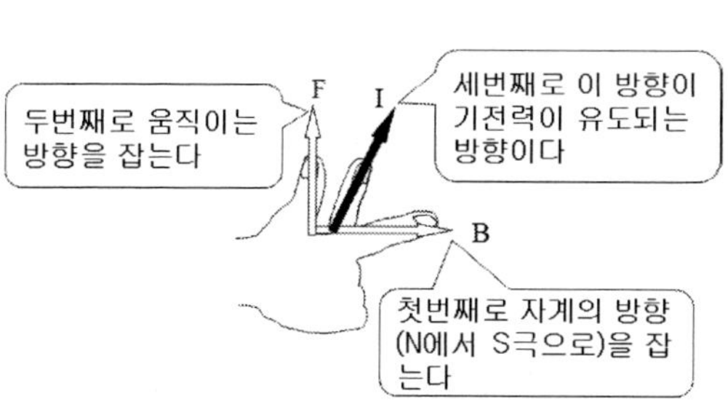

그림 11-11. 플레밍의 오른손법칙

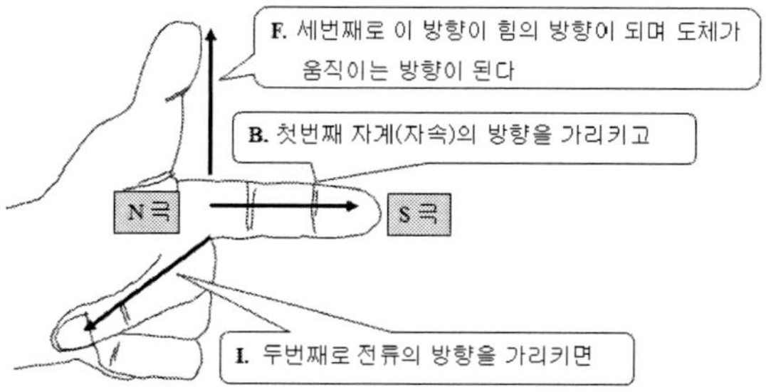

그림 11-12. 플레밍의 왼손법칙

1. 실험의 목적 및 이론

2. 본론 (실험 장치 및 방법, 실험 결과와 논의)

평가

(1) 직류 타여자 발전기에서 유도 기전력 의 극성을 바꾸는 두 가지 방법은?

(2) 무부하로부터 전부하(1.0[Adc])까지의 전압 변동률을 계산하시오.

$$\text{전압 변동률} = \frac{V_o - V_n}{V_n} \times 100 = (\qquad\qquad)[\%]$$

(3) 타여자 발전기에서 전기자를 단락하면 동기 전동기가 정지하게 되는 이유를 그림을 그려 설명하시오.

3. 결론

4. 고찰

5. 참고문헌

실험 12 분권, 직권 직류전동기의 운전특성

실험목적

- 분권, 직권 직류전동기의 운전특성 확인

기초지식

▶ 직류전동기의 고정자는 각 자극당 계자권선을 갖고 있는데 직류계자전류가 흐르면 자극이 형성된다. 전기자, 자극, 공극과 계철 등과 함께 자기회로를 이루고 있는데, 전기자권선에 전류가 흐르면 플레밍의 왼손법칙에 따라 토크를 발생시켜 전기자권선은 회전하게 된다.

▶ 정류자는 전기자권선에 연결되어 있으며 고정부분의 브러시로부터 직류를 받아서 같은 자극아래에 있는 전기자권선에는 항상 같은 방향으로 전류가 흐르도록 하므로 회전자는 항상 같은 방향으로 회전하게 된다. (여기서 정류자는 직류를 전류(轉流)시키는 역할을 하고 있다) 만일 직류전동기에 정류자가 사용되지 않는다면 회전자는 회전을 하지 못한다.

▶ 직류전동기를 운전하기 위해서는 고정자에 있는 분권계자권선 또는 직권계자권선에 자계(자속 $\Phi\,[\mathrm{Wb}]$)을 형성해주고 전기자에 전류가 흐르면 토크가 발생되면서 전동기는 회전을 하게 된다. 토크의 값은 $\tau = k_1 \Phi\, I_a$의 식에 의하며 자속과 전기자전류에 비례한다.

▶ 전기자회로의 저항을 $R_a\,[\Omega]$, 전기자전류를 $I_a\,[\mathrm{A}]$, 매초의 회전수를 $\boldsymbol{n}\,[\mathrm{rps}]$라 하면 역기전력 $E = V - I_a R_a$, $E = k\Phi n\,[\mathrm{V}]$가 된다. 전동기의 속도는 $n = k\dfrac{E}{\Phi} = k\dfrac{V - I_a R_a}{\Phi}$에 의하여 전기자 전압과 계자자속에 따라 결정된다. 따라서 계자자속이 0일 경우 속도

는 위험할 정도까지 상승하게 됨을 알 수 있다. 기동시($n = 0$)에 전기자전류는 $I_a = \frac{V-E}{R_a} = \frac{V-k\Phi n}{R_a}$ 에서 매우 증가하게 된다.

실험개요

※ 직류 전압계와 직류 전류계를 사용하여 권선의 전압과 전류를 측정해서 발전기의 각 권선저항을 계산하는 방법을 전압강하법이라고 한다.

※ 직류기는 전동기 또는 발전기로서 동작할 수 있다.

실험준비

전원공급장치 (0-120/208[Vac])	EMS 8821	직류 전동기/발전기	EMS 8211
직류전압전류계(200[Vdc])	EMS 8412	리드선	EMS 8951
		회전 속도계	EMS 8920

실험순서

※ 직권 전동기

1. 그림 12-1의 (b)와 같이 전기자와 직권계자권선을 직렬로 연결해서 전원의 가변 120[Vdc] 단자 ⑦과 Ⓝ에 연결하고, 전원을 켜고 전압을 120[Vdc]로 조정한다.

2. a) 전동기가 회전하면 회전속도계를 사용하여 1분당 회전수[rpm]와 회전방향을 측정한다.

   N = ________[rpm]　　　회전방향 :________방향

   b) 전압을 감소시키면 속도는 어떻게 변하는가?　　　설명 :____________________

(a) 직권 전동기 등가회로

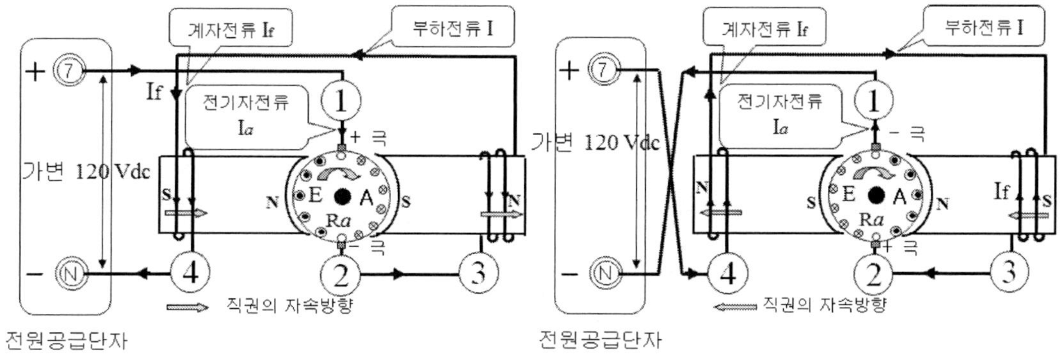

(b) 직권 전동기의 기본 결선 (c) 직권 전동기의 전원 단자를 바꾼 경우 결선

그림 12-1. 직권 전동기

※ 직권 전동기의 전원 단자를 바꾼 경우

3. 전압을 0[Vdc]으로 한 후에 전원을 끈다. 그림 12-1의 (c)와 같이 전원공급 장치의 단자 ⑦과 Ⓝ을 서로 바꾸고, 전원을 켠 후, 120[Vdc]에 맞추고 속도와 회전방향을 측정한다.

   N = ________[rpm], 회전방향 :________방향

※ 직권 전동기의 전기자 단자를 바꾼 경우

4. 전원을 끄고, 그림 12-2와 같이 전기자 단자(1과 2)를 바꾸어서 연결한 후에 실험 순서 1과 2를 반복하고 전원을 끈다.

   N =________[rpm], 회전방향 :________방향

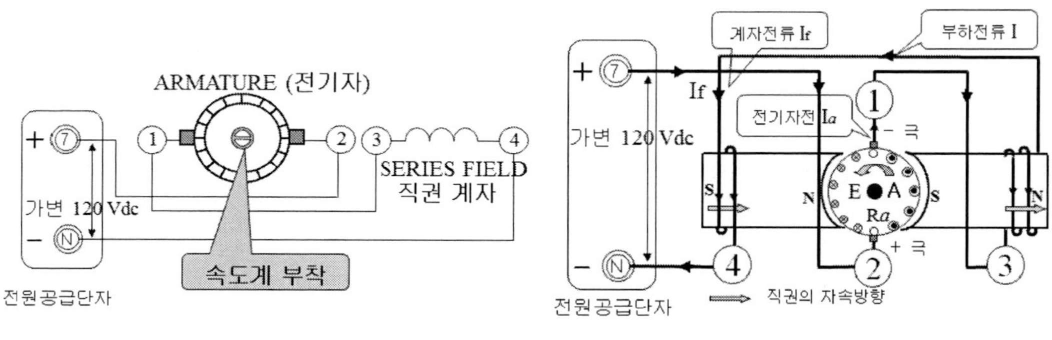

그림 12-2. 직권 전동기에서 전기자 단자를 바꾼 경우

※ **분권 전동기**

5. 그림 12-3과 같이 계자저항기를 분권권선과 직렬로 연결하고, 이것을 다시 전기자와 병렬로 연결한다.

a) 전동기의 계자전류를 최대로 하려고 계자저항기를 시계방향으로 끝까지 돌린다(최소 계자저항 0[Ω]). 전원을 켠 후, 120[Vdc]에 맞추고 속도를 측정한다.

N =________[rpm]

b) 전동기의 계자전류를 최소로 하려고 계자저항기를 반시계방향으로 끝까지 돌린다(최대 계자저항 500[Ω]). 속도와 회전방향은?

N =________[rpm], 회전방향 :________방향

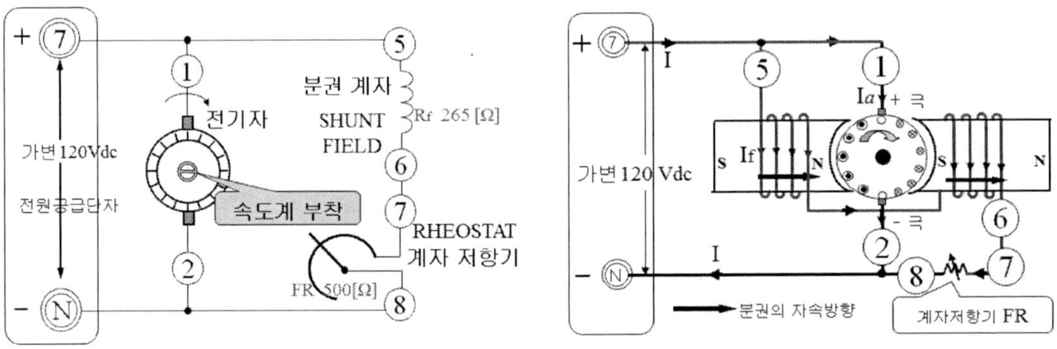

(a) 분권 전동기 기본결선 등가회로 (b) 분권전동기의 기본결선

그림 12-3. 분권 전동기

※ **분권 전동기의 전원 단자를 바꾼 경우**

6. 전압을 0[Vdc]으로 한 후에 전원을 끈다. 그림 12-4와 같이 전원공급 장치의 단자 ⑦과 Ⓝ을 서로 바꾸고, 전원을 켠 후, 120[Vdc]에 맞추고 속도와 회전방향을 측정한다.

N =________[rpm] 회전방향 :________방향

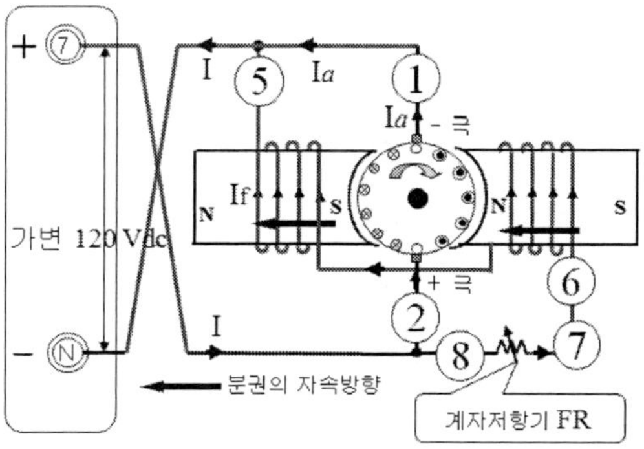

그림 12-4 전원 단자를 바꾼 경우

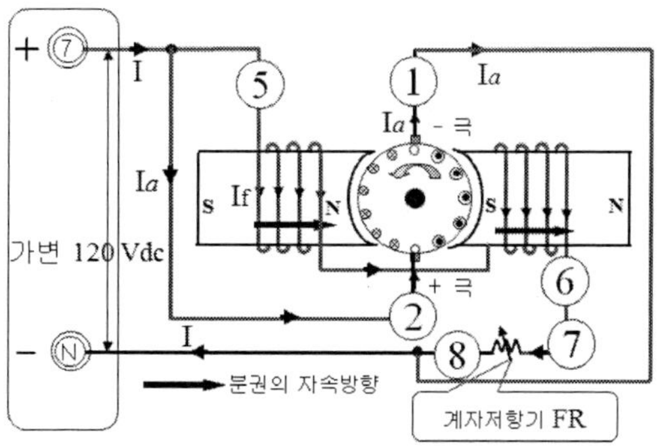

그림 12-5 전기자 단자를 바꾼 경우

※ **분권 전동기의 전기자 단자를 바꾼 경우**

7. 전압을 0[Vdc]으로 한 후에 전원을 끈다. 그림 12-5와 같이 전기자의 접속단자 1과 2를 서로 바꾸고, 전원을 켠 후, 120[Vdc]에 맞추고 속도와 회전방향을 측정한다.

   N =________[rpm]　　회전방향 :________방향

※ **타여자 전동기**

8. 그림 12-6과 같이 결선한다. 계자권선에는 120[Vdc] 고정 직류단자 ⑧과 Ⓝ에 연결되고, 전기자는 가변 120[Vdc] 단자 ⑦과 Ⓝ에 연결된다.

   전원을 켜고 전기자 전압을 [표 12-1]의 전압으로 조정하면서 각 각 속도를 기록하고 그림 12-7에 곡선을 그린다.

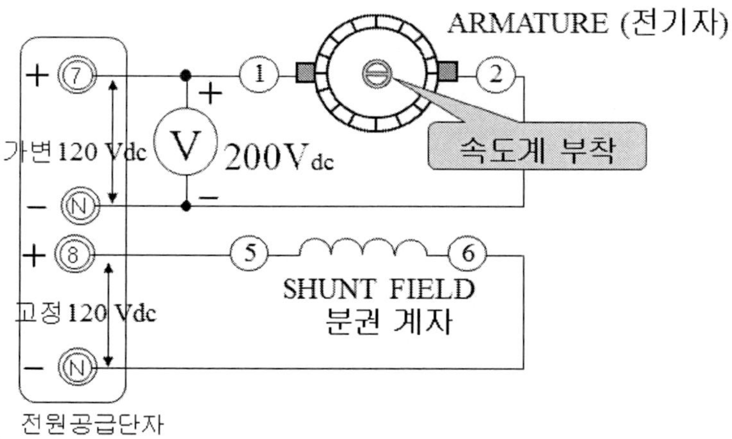

그림 12-6. 타여자 전동기

전압[Vdc]	속도[rpm]
0	
30	
60	
90	
120	

표 12-1. 타여자 전동기의 속도

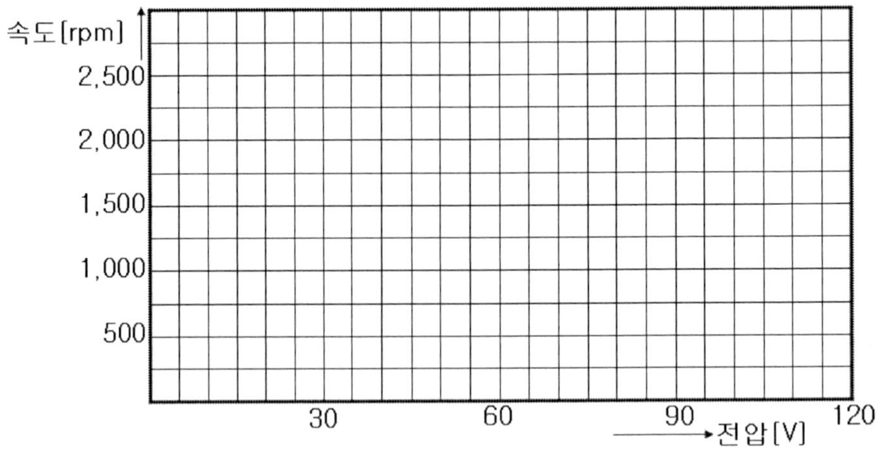

그림 12-7. 직류 타여자 전동기의 속도 곡선

1. 실험의 목적 및 이론

2. 본론 (실험 장치 및 방법, 실험 결과와 논의)

평가

(1) 만일 전기자에만 전류가 흐른다면 전동기는 회전하겠는가?

(2) 무부하 상태의 직류 직권전동기에 전력을 공급하면 위험하게 되는 이유는?

(3) 직류 분권전동기의 회전방향을 바꿀 수 있는 두 가지 방법은?

(4) 직류 전동기의 속도를 변화시키는 두 가지 방법은?

(5) 타여자 전동기에서 전기자전압이 2배로 될 때 전동기의 속도도 대략 2배로 되는가? 그 이유는?

(6) 만일 전기자 단자에 120[Vdc]전압을 걸면 몇 [A]의 전류가 흐르는가? 이렇게 큰 전류는 전기자권선을 소손할 우려가 있기 때문에 기동시 큰 기동전류를 방지하기 위하여 전기자권선에 직렬로 넣어주는 가변저항을 무엇이라고 하는가? 단, 전기자 저항 R_a를 8.3[Ω]이라고 하자.

$$I = \frac{(\qquad)[\mathrm{V}]}{(\qquad)+(\qquad)} = (\qquad)[\mathrm{A_{dc}}]$$

3. 결 론

4. 고 찰

5. 참고문헌

실험 13 분권, 직권 직류전동기의 토크-속도특성

실험목적

- 직류 분권전동기와 직권전동기의 토크-속도특성과 효율을 구한다.

기초지식

▶ 모든 직류전동기의 속도는 주로 전기자 전압과 자속에 의해 좌우된다. 직류 분권전동기의 경우, 전기자권선과 계자권선은 모두 직류전원에 병렬로 연결된다. 만일 직류전압이 일정하다면 전기자전압과 계자자속은 일정하다. 따라서 분권전동기는 일정속도로 운전된다. 속도는 전동기의 부하가 증가함에 따라 감소하는 경향이 있다. 이런 속도의 감소는 전기자권선의 저항에 달려있다. ($n = k\frac{E}{\Phi} = k\frac{V - I_a R_a}{\Phi}$) 다른 모든 에너지변환장치와 마찬가지로 직류분권전동기의 효율도 100[%]가 안 된다. 다시 말해서 전동기에 공급된 모든 전력이 기계적으로 전환되지는 않는다. 입력과 출력사이의 전력차이는 손실(마찰손, 히스테리시스손, 와류손 등)으로서 열의 형태로서 소모된다.

▶ 직류 분권전동기는 무 부하에서부터 전 부하까지 전기자 전압과 자속은 변화가 없기 때문에 거의 일정속도를 유지한다. 하지만, 직권전동기의 경우, 자속은 전기자권선을 통해서 흐르는 전류에 의해서 형성되며, 그 결과 전동기의 부하가 적을 때에는 전류가 작으므로 자속도 약해지고, 전동기 부하가 클 때에는 전류가 많이 흐르므로 자속도 커지게 된다. 그러므로 직권전동기의 속도는 $n = k\frac{E}{\Phi} = k\frac{V - I_a R_a}{\Phi}$ 에서처럼 전적으로 부하전류에 의해 결정된다. 속도는 부하가 많이 걸릴 때에는 느리고, 무부하시에는 매우 빠른 속도가 된다. 사실상 많은 직권전동기들이 무부하 상태에서 운전을 하

면 너무 빠르게 회전하므로 원심력에 의해 회전자가 분리되는 위험성이 있다. 모든 직류전동기의 토크는 전기자전류와 자속의 곱($\tau = k_1 \Phi I_a \propto k_1 I_a^2$)에 달려있다. 따라서 직권전동기의 경우, 기동시에 큰 전류가 흐르므로 기동토크도 매우 크다. 직권전동기는 큰 관성부하의 기동에 적합하며 특히 전기 버스, 기차 등에서 사용된다.

▶ 직류 분권 모터는 안정된 속도 특성을 갖고 있기 때문에 광범위하게 사용

▷ 속도가 전혀 변하지는 않지만 무부하시와 부하시의 속도 변화가 적음

▷ T ∝ Φ.Ia N ∝ (Et - IaRa) / Φ

▷ I = Ia + If → 일정한 Field권선 자계의 자속 → 정속도 운전

▷ 부하의 변화 → Armature 전류 변화 ∝ Torque

▷ Motor의 부하로 인해 회전속도가 저하 → 역기전력(CEMF)의 저하

→ Armature 전류는 증가 → Torque의 증가 → 부하로 인한 속도 저하를 막음

▷ P(watt) = E.I = (CEMF x Ia) + 손실

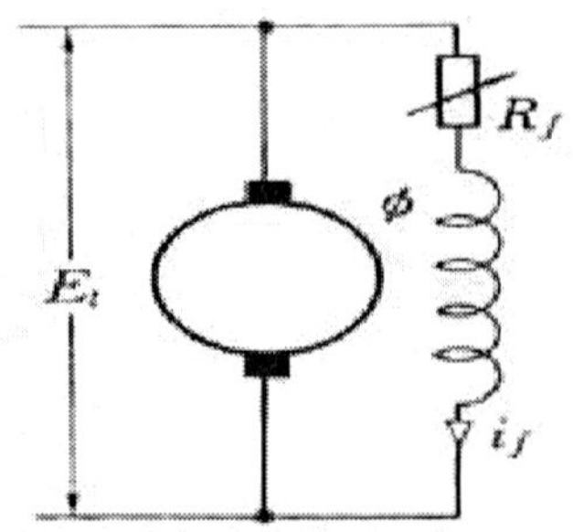

그림 13-1. 분권전동기의 등가회로

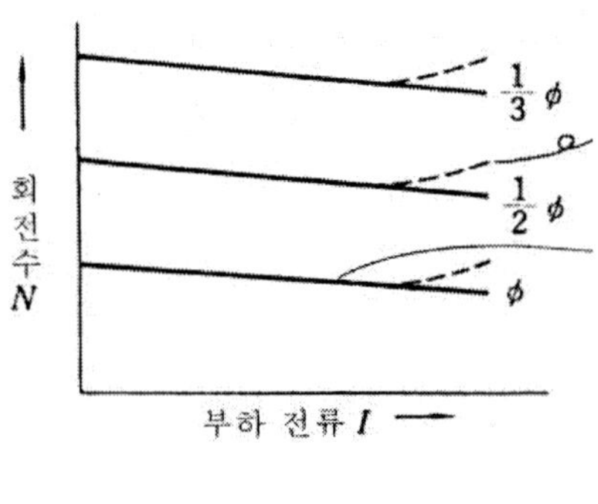

그림 13-2. 분권전동기의 속도특성

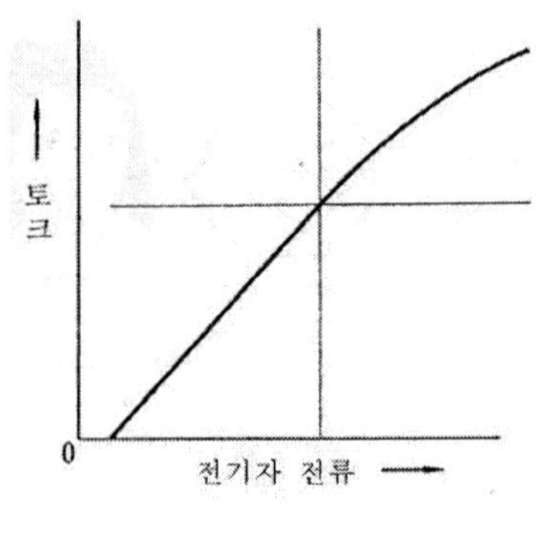

그림 13-3. 분권전동기의 토크특성

▶ 직류 직권 모터는 부하에 따라 속도는 역비례적으로 줄지만 반대로 Torque는 증가

▷ 속도가 줄어들면 Field 자속과 Armature 전류 모두 증가

▷ $T \propto \Phi.Ia = Ia2$ $N \propto [Et - Ia(Ra+Rf)] / \Phi$

▷ I = Ia = If → 부하변화에 따른 전류 변화 → Field 권선 자계의 자속 변화

▷ 부하의 감소 → Motor의 속도 증가 → 역기전력(CEMF)이 증가 → Armature 전류와 함께 직렬인 Field 전류도 감소 → Field 전류의 감소로 Motor의 속도 증가 및 Torque의 감소

▷ 속도의 증가는 부하 및 기계적 마찰 손실과의 균형으로 한계점 존재

▷ P(watt) = E.I = (CEMF x Ia) + 손실

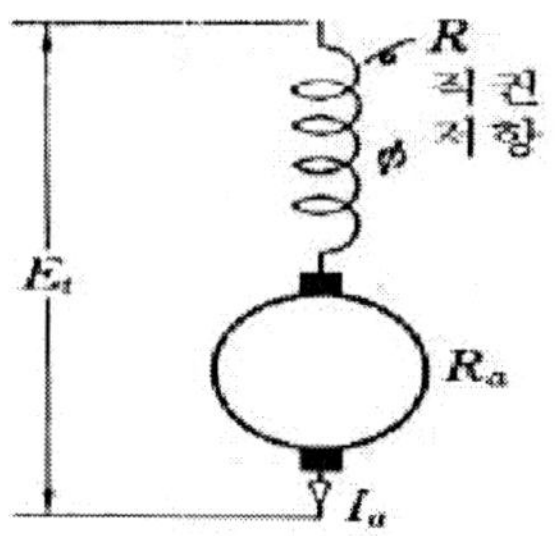

그림 13-4. 직권전동기의 등가회로

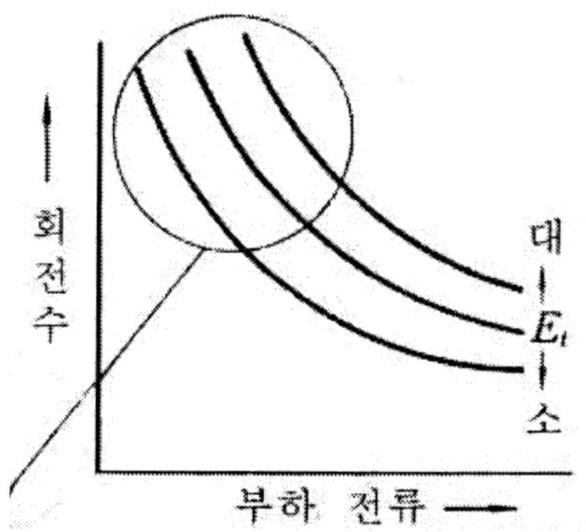

그림 13-5. 직권전동기의 속도특성

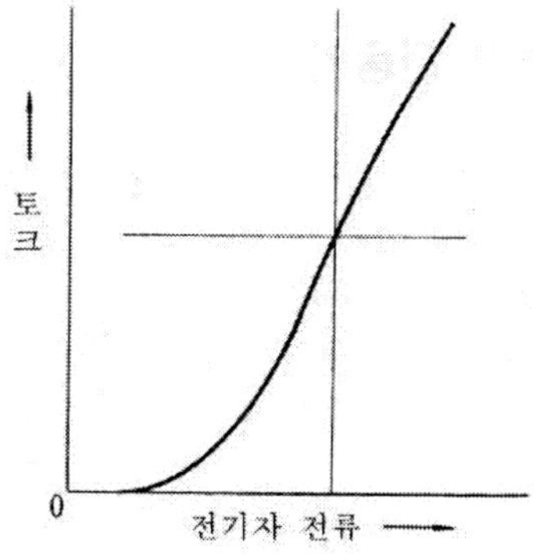

그림 13-6. 직권전동기의 토크특성

실험준비

전원공급장치 (0-120[Vac], 120[Vdc])	EMS 8821	전기동력계	EMS 8911
직류 전동기/발전기	EMS 8211	리드선	EMS 8951
직류전압전류계(200[Vdc], 5[Adc])	EMS 8412	회전 속도계	EMS 8920
		타이밍 벨트	EMS 8942

실험순서

※ 직류 분권 전동기

1. a) 그림 13-7과 같이 계자저항기를 분권권선과 직렬로 연결하고, 이것을 다시 전기자와 병렬로 연결한 후에 전원공급 장치의 가변 120[Vdc] 단자 ⑦과 Ⓝ으로 연결된다.

   b) 전동기의 계자전류를 최대로 하려고 계자저항기를 시계방향으로 끝까지 돌린다. (최소 계자 저항 0[Ω])

   c) 전기 동력계는 전원공급 장치의 고정 120[Vac] 단자 ①과 Ⓝ으로 연결된다.

   타이밍 벨트를 사용하여 직류전동기에 전기동력계를 커플링 한다.
2. 브러시가 중성축 위치에 있는가를 확인한다.
3. 전동기에 기계적인 부하를 최소로 걸어주기 위해서 전기동력계의 토크조절기를 반시계 방향으로 끝까지 돌린다.
4. 전원을 켠다. 가변 직류전압이 120[Vdc]가 되도록 조절한다. (만일 회전방향이 시계방향이 아니면, 전원을 끈 다음에 분권계자 단자를 서로 바꾼다).

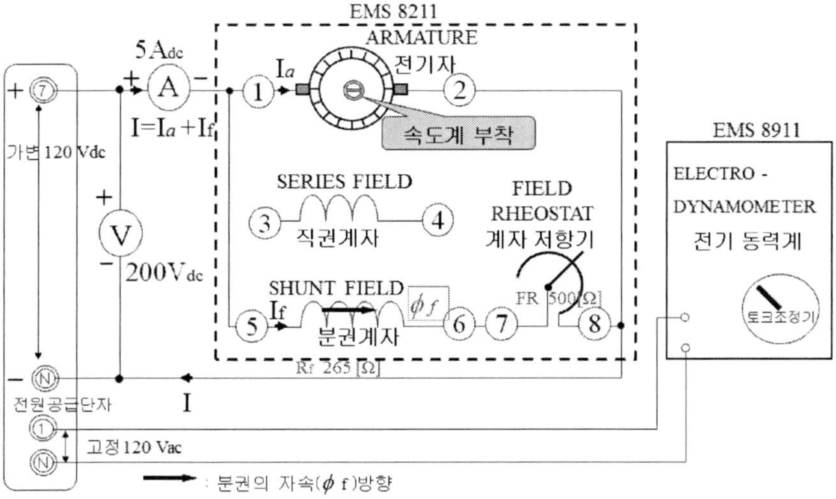

그림 13-7. 직류 분권전동기의 실험

5. a) 무부하시에 전동기 속도가 1,800[rpm]이 되도록 계자 저항기를 조정한다.(전압계 상에 정확히 120[Vdc]가 나타나도록 한다.)

   b) 전동기 속도가 1,800[rpm]이 되었을 때 전류를 측정해서 [표 13-1]에 기록한다.

6. a) 전기동력계의 토크조절기를 시계방향으로 회전시키며 [표 13-1]의 토크 값에 대한 전류와 속도를 측정하고 [표 13-1]에 기록한다. (정확히 120[Vdc]를 유지하기 위해 필요시는 전원공급 장치를 재조정한다)

   b) 전압을 0[Vdc]으로 한 후에 전원공급 장치를 끈다.

7. 그림 13-8에 토크-속도특성을 그린다.

8. 속도 변동률(전부하시의 토크가 9 [lbf.in]일 때)을 계산한다.

설명: 속도변동률= $\frac{\text{무부하 속도} - \text{전부하 속도}}{\text{전부하 속도}} \times 100 = \frac{(\quad) - (\quad)}{(\quad)} \times 100 = (\qquad)[\%]$

전압 [Vdc]	전류 [Adc]	속도[rpm]	토크 [lbf·in]
120			0
120			3
120			6
120			9 (전부하)
120			12

표 13-1. 직류 분권전동기의 실험결과

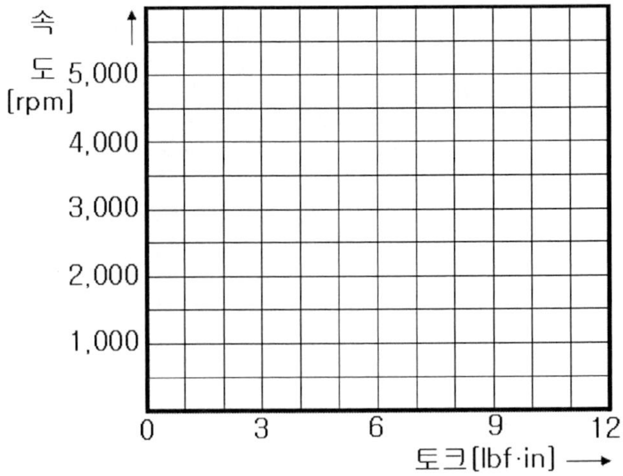

그림 13-8. 직류 분권전동기의 토크 대 속도특성

※ **분권전동기의 최대 기동토크측정**

9. 분권전동기에 최대 기동부하를 걸기 위해서 전기동력계의 토크조절기를 시계방향으로 끝까지 돌린다.

10. 전원을 켠 후 전동기에 3[A]의 전류가 흐를 때까지 직류전압을 점차적으로 증가시킨 후 직류전압과 토크를 측정한다.(전동기는 매우 천천히 돌거나 정지한다.)
 전압을 0[Vdc]으로 한 후에 전원공급 장치를 끈다.

 직류전압 V_{dc} =________[Vdc], 토크 =________[lbf.in]

11. 실험 10에서 전류는 전동기의 저항에 의해서만 제한된다. 직류전압이 120[Vdc]를 전동기에 공급하여 기동할 때의 기동전류를 계산하여 보라.

 설명 : 분권전동기의 단자저항= $\frac{(\quad)[V]}{(\quad)[A]}$ = ( )[Ω]

 기동전류 = $\frac{(\quad)[V]}{(\quad)[\Omega]}$ = ( )[A]

※ **직류 직권 전동기**

12. 그림 13-9와 같이 결선하고 타이밍벨트를 사용하여 직류전동기를 전기동력계에 커플링 한다. 이 전동기는 직권 전동기로 사용하기 위해 연결되었으며 (분권계자권선과

계자저항기는 사용되지 않았음), 전원공급 장치의 가변 120[Vdc]단자 ⑦과 Ⓝ에 연결된다.

전기동력계는 전원공급 장치의 고정 120[Vac] 단자 ①과 Ⓝ에 연결된다.

13. 직권전동기에 최소 기동부하를 공급하기 위해 전기동력계의 토크조절기를 반시계 방향으로 끝까지 돌린다.

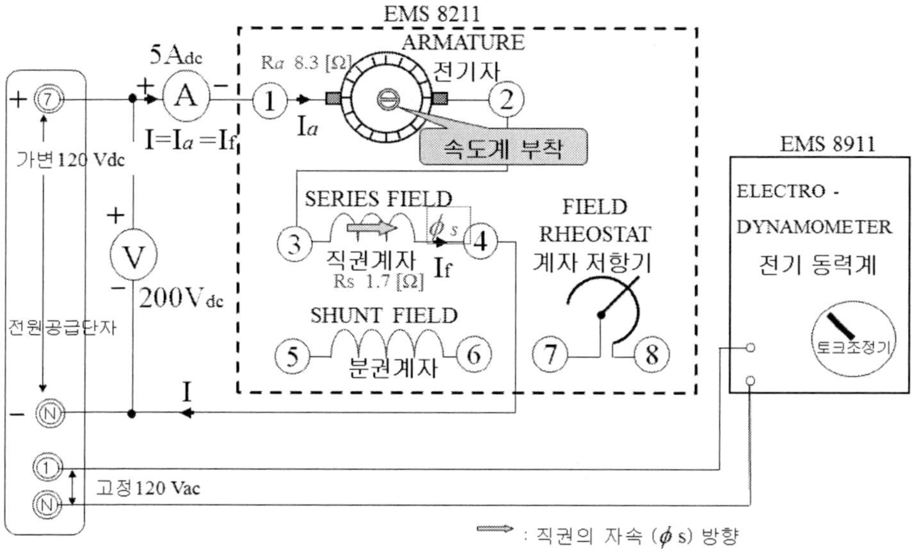

그림 13-9 직류 직권전동기의 실험

14. a) 전원을 켠다. 전동기가 회전을 할 때까지 직류전압을 점차적으로 증가시킨다.

(만일 반 시계 방향으로 회전을 하면 전원을 끄고 직권계자권선의 접속을 바꾼다.)

b) 직류전압이 정확히 120[Vdc]가 되도록 조정한다.

15. a) 전기동력계의 토크조절기를 시계방향으로 회전시키며 [표 13-2]의 토크 값에 대한 전류와 속도를 측정하고 해서 [표 13-2]에 기록한다.

(정확히 120[Vdc]를 유지하기 위해 필요시는 전원공급 장치를 재조정한다)

b) 전압을 0[Vdc]으로 한 후에 전원공급 장치를 끈다.

16. 그림 13-10에 토크 대 속도특성을 그린다.

17. 속도 변동률(전부하시의 토크가 9 [lbf.in]일 때)을 계산한다.

설명 : 속도변동률$=\dfrac{\text{무부하 속도}-\text{전부하 속도}}{\text{전부하 속도}}\times 100=\dfrac{(\quad)-(\quad)}{(\quad)}\times 100=(\quad)$[%]

전압 [Vdc]	전류 [Adc]	속도[rpm]	토크 [lbf·in]
120			0
120			3
120			6
120			9 (전부하)
120			12

표 13-2. 직류 직권전동기의 실험결과

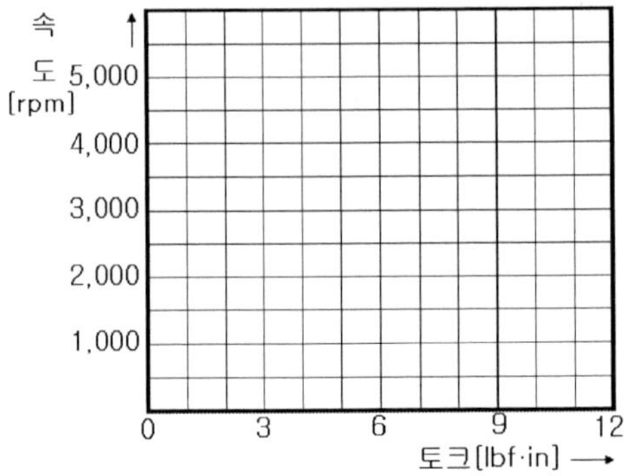

그림 13-10 직류 직권전동기의 토크 대 속도특성

※ **직권전동기의 최대 기동토크측정**

18. 직권전동기에 최대 기동부하를 공급하기 위해 전기동력계의 토크조절기를 시계방향으로 끝까지 돌린다.

19. 전원을 켠 후 전동기에 3[A]의 전류가 흐를 때까지 직류전압을 점차적으로 증가시킨 후 직류전압과 토크를 측정한다. 이 때 전동기는 천천히 돌아야 한다.

전압을 0[Vdc]으로 한 후에 전원공급 장치를 끈다.

직류전압 =________[Vdc], 기동토크 =________ [lbf.in]

20. 실험 19에서 전류는 전동기의 저항에 의해서만 제한된다. 직류전압이 120[Vdc]를 전동기에 공급하여 기동할 때의 기동전류를 계산하여 보라.

설명 : 직권전동기의 단자저항= $\frac{(\quad\quad)[V]}{(\quad\quad)[A]}$ = ( )[Ω]

기동전류 = $\frac{(\quad\quad)[V]}{(\quad\quad)[\Omega]}$ = ( )[A]

1. 실험의 목적 및 이론

2. 본론 (실험 장치 및 방법, 실험 결과와 논의)

평가

(1)-(8): 분권전동기, (9)-(15): 직권전동기

(1) 전 부하시의 토크가 9 [lbf.in]일 때, 분권전동기에서 발생된 출력을 계산하시오.

$$\text{출력 출력} = \frac{1.59 \times (\quad)[rpm] \times (\quad)[lbf \cdot in]}{100,000} = (\quad)[HP]$$

(2) 1[HP] 이 746[W]일 때, 분권전동기의 출력은 몇 [W]인가?

P_o =(　　　)[HP] ×(　　　)=(　　　　)[W]

(3) 이 때 분권전동기의 전기적 입력은 몇[W]인가?

P_{in} = (　　　)[V] × (　　)[A] = (　　　)[W]

(4) 분권전동기의 효율은?

$$효율 = \frac{출력[W]}{입력[W]} \times 100 = \frac{(\quad)}{(\quad)} \times 100 = (\qquad)\ [\%]$$

(5) 분권전동기의 손실은 몇[W]인가?

손실=(　　　) − (　　　) = (　　　)[W]

(6) 분권전동기의 손실원인을 열거하시오.

(7) 전동기에서 손실이 바람직하지 않은 두 가지 이유를 열거하시오.

(8) 기동전류는 전부하 전류와 비교할 때 몇 배인가?

$$\frac{\text{기동전류 (\qquad)[A]}}{\text{전부하전류(\qquad)[A]}} = (\qquad)\text{배}$$

(9) 전부하시의 토크가 9 [lbf.in]일 때, 직권전동기에서 발생된 출력을 계산하시오.

$$\textbf{출력}\ \text{출력} = \frac{1.59 \times (\qquad)[\text{rpm}] \times (\qquad)[\text{lbf} \cdot \text{in}]}{100{,}000} = (\qquad)[\text{HP}]$$

(10) 1[HP] 이 746[W]일 때, 직권전동기의 출력은 몇 [W]인가?

P_o =(　　　　)[HP] ×(　　　　)=(　　　　)[W]

(11) 이 때의 직권전동기의 전기적 입력은 몇[W]인가?

P_{in} = (　　　)[V] × (　　　)[A] = (　　　)[W]

(12) 직권전동기의 효율은?

$$\text{효율} = \frac{\text{출력[W]}}{\text{입력[W]}} \times 100 = \frac{(\quad\quad)}{(\quad\quad)} \times 100 = (\quad\quad)\ [\%]$$

(13) 직권전동기의 손실은 몇[W]인가?

손실=(　　　) − (　　　) = (　　　)[W]

(14) 기동전류는 전부하 전류와 비교할 때 몇 배인가?

$$\frac{\text{기동전류 }(\quad\quad)\text{[A]}}{\text{전부하전류}(\quad\quad)\text{[A]}} = (\quad\quad)\text{배}$$

(15) 직류 분권전동기와 직류 직권전동기를 아래의 관점에서 비교하시오.(< , >로 표시)

a) 기동토크 설명 : 직권 전동기 ( ) 분권 전동기

b) 기동전류 설명 : 직권 전동기 ( ) 분권 전동기

c) 효율 설명 : 직권 전동기 ( ) 분권 전동기

d) 속도변동률 설명 : 직권 전동기 ( ) 분권 전동기

3. 결론

4. 고찰

5. 참고문헌

실험 14

단상변압기 제작

실험목적

단상변압기를 실제 제작하여 원리를 이해한다.

제작준비

•E코어 •보빈 •지지대(4개) •스위치 •퓨즈 •퓨즈홀더

•바나나잭(14개) •볼트(10개), 너트(10개) •드릴, 드릴날 •고글 •납, 인두

제작순서

① 그림 14-1과 같이 필요한 부품을 준비한다.

② 그림 14-2, 14-3과 같이 베클라이트판에 드릴로 구멍을 뚫는다.

③ 그림 14-4와 같이 보빈을 권선기에 끼우고 1차권선, 2차권을 180[T] 감는다. 코일의 시작(A, a, b, c)과 끝(B, a', b', c')을 잘 구분하여 감는다.

④ 그림 14-5와 같이 지지대와 볼트, 너트로 변압기를 고정시킨다.

⑤ 그림 14-6과 같이 바나나잭, 퓨즈홀더, 스위치를 베클라이트판에 고정시킨다.

⑥ 그림 14-7과 같이 코일의 끝단을 사포로 벗기고 바나나잭의 단자에 인두로 납땜을 한다.

⑦ 그림 14-7과 같이 퓨즈홀더와 스위치를 전선으로 전원에 납땜한다.

⑧ 그림 14-8과 같이 네 모서리에 볼트, 너트를 체결하여 다리를 만든다.

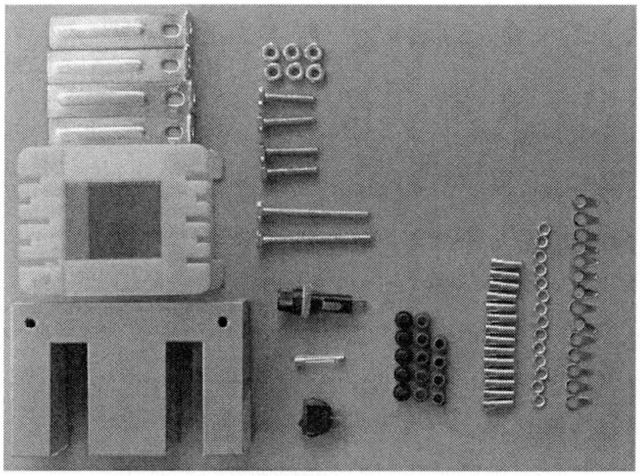

그림 14-1. 변압기 제작에 필요한 부품

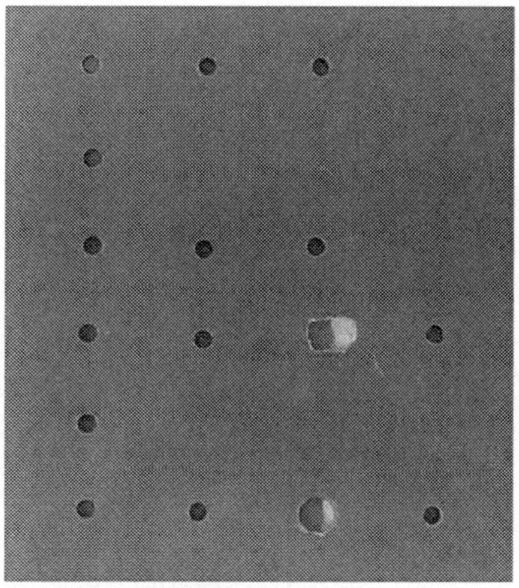

그림 14-2. 베클라이트판에 구멍 뚫기

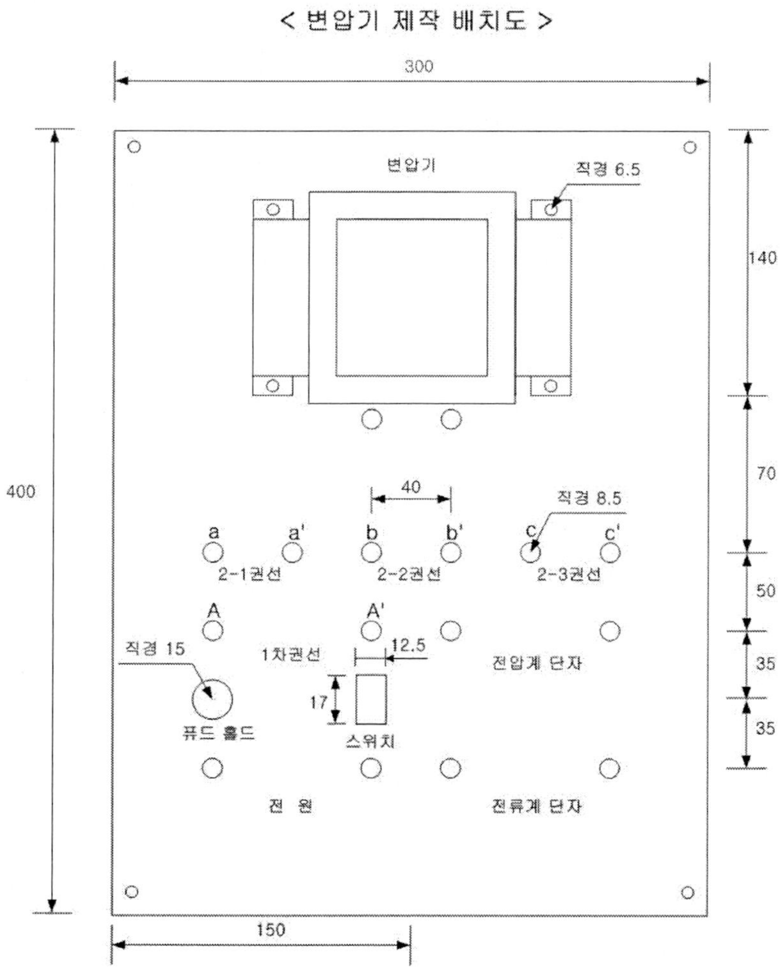

그림 14-3. 변압기 제작 배치도

그림 14-4. 보빈에 코일 감기

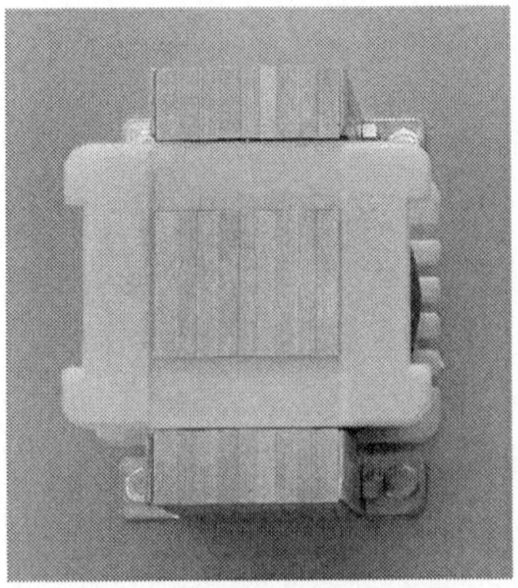

그림 14-5. 변압기 고정

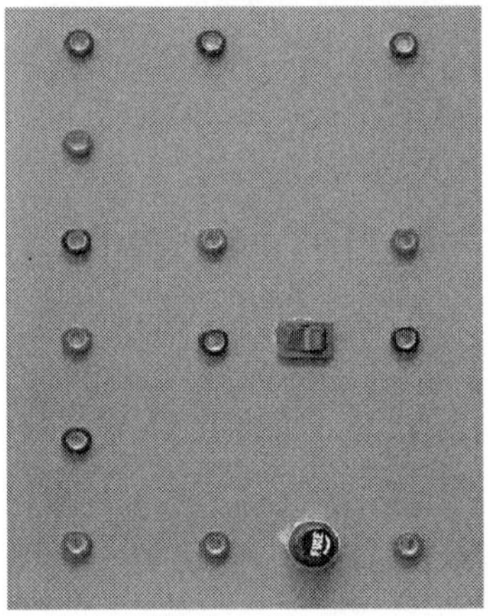

그림 14-6. 바나나잭, 퓨즈홀더, 스위치 고정

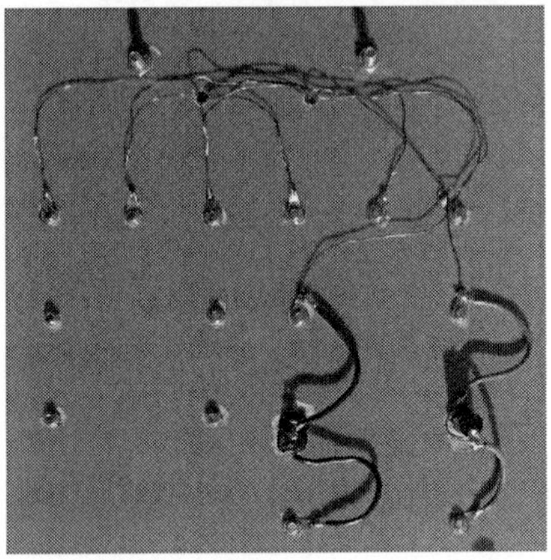

그림 14-7. 코일 끝단을 바나나잭 단자에 납땜

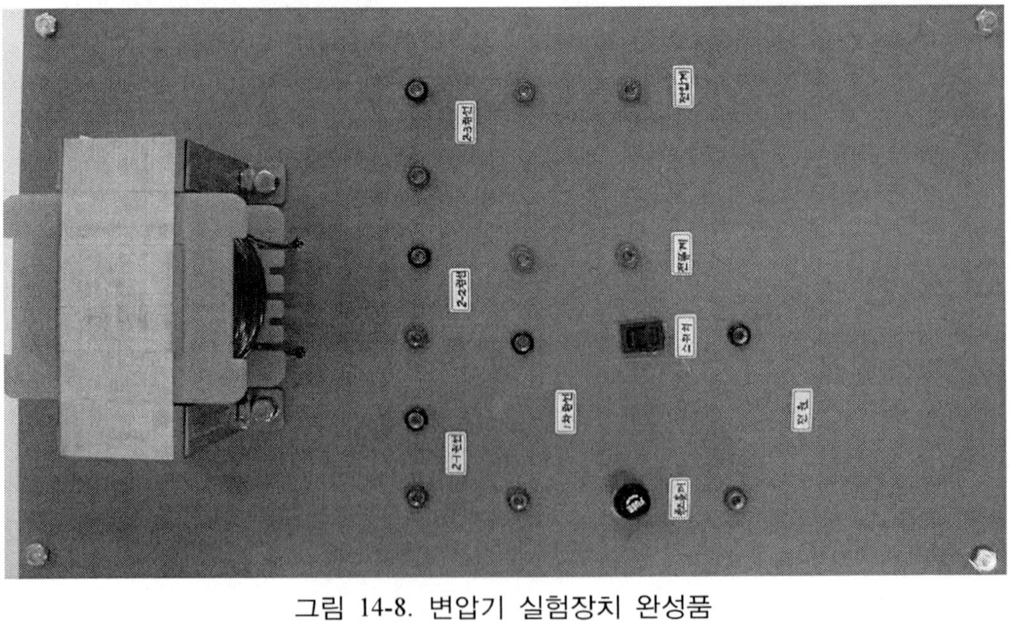

그림 14-8. 변압기 실험장치 완성품

실험
15
변압기 결선 및 와전류 실험

실험목적

변압기의 2차권선을 직렬, 병렬 연결하였을 때 유기전압이 어떻게 변하는지 알아본다. 변압기의 자기회로가 개회로일 때와 폐회로일 때 전류의 변화를 알아본다. 도체에 발생하는 와전류에 대해 알아본다.

실험준비

- 교류전압계 : 1대
- 교류 전원 공급장치 : 1대
- 교류전류계 : 1대
- 변압기 실험장치 : 1대

실험순서

Ⅰ. 변압기 결선 실험

(1) 그림 15-1 (a)와 같이 2차권선을 직렬연결하고 1차권선에 25[V]를 인가했을 때 2차권선에 유기되는 전압은 몇 [V]인지 표 15-1에 기록하시오

(2) 그림 15-1 (b)와 같이 2차권선을 직렬연결하고 1차권선에 25[V]를 인가했을 때 2차권선에 유기되는 전압은 몇 [V]인지 표 15-1에 기록하고 실험Ⅰ-1과 전압이 다르게 나타나는 이유는 무엇인가?

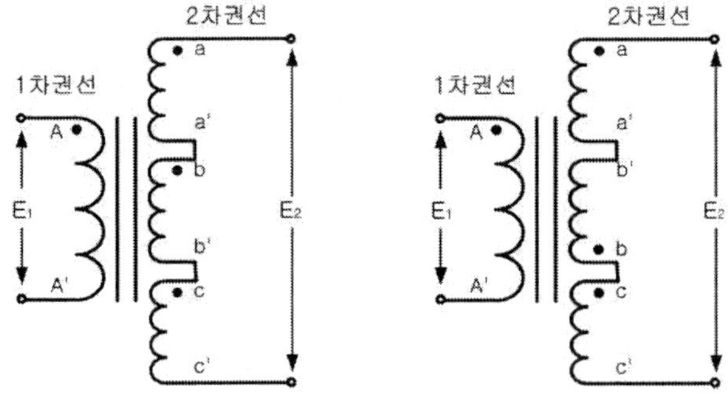

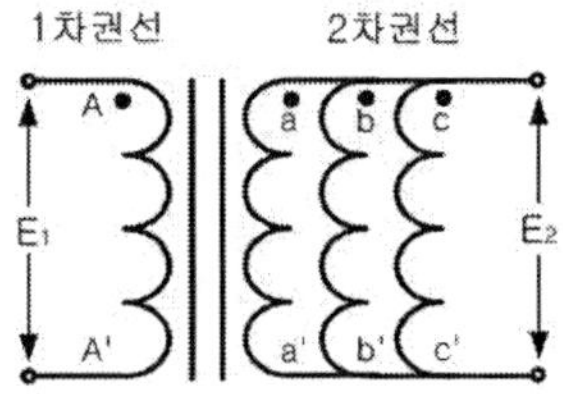

(a) (b)

그림 15-1. 변압기 2차권선 직렬연결 그림 15-2. 변압기 2차권선 병렬연결

(3) 그림 15-2와 같이 2차권선을 병렬연결하고 1차 권선에 25[V]를 인가했을 때 2차 권선에 유기되는 전압은 몇 [V]인지 표 15-1에 기록하시오

(4) 이상변압기일 때 위의 실험 1, 2와 같이 2차 권선을 직렬연결, 병렬연결 했을 때 2차에 유기되는 전압은 몇 [V]인가? 위의 실제 변압기와 이상변압기의 2차 권선에 유기되는 전압이 다른 이유는 무엇인가?

Ⅱ. 공극의 자기저항에 의한 전류의 변화 실험

(1) 전류계를 1차권선 한선에 직렬연결하고 2차 권선을 직렬연결 한다. 1차 권선에 15[V]를 인가했을 때 전류는 몇 [A]가 흐르는지 표 15-1에 기록하시오

(2) 실험 1의 상태에서 그림 15-4와 같이 철심을 변압기 상단에 가져가 붙였을 때 전류는 몇 [A]가 흐르는지 표 15-1에 기록하시오

(3) 실험 1과 실험 2에서 전류값이 다르게 나타났다. 그 이유는 무엇인가?

그림 15-3. 변압기 상단에 철심이 없는 경우 그림 15-4. 변압기 상단에 철심이 있는 경우

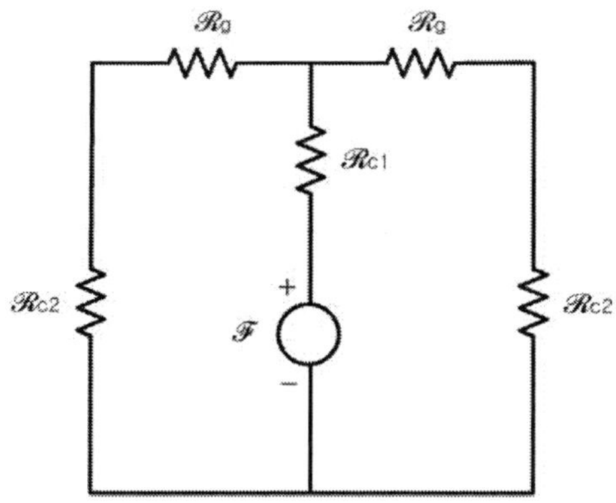

그림 15-5. 공극이 있을 때의 자기회로

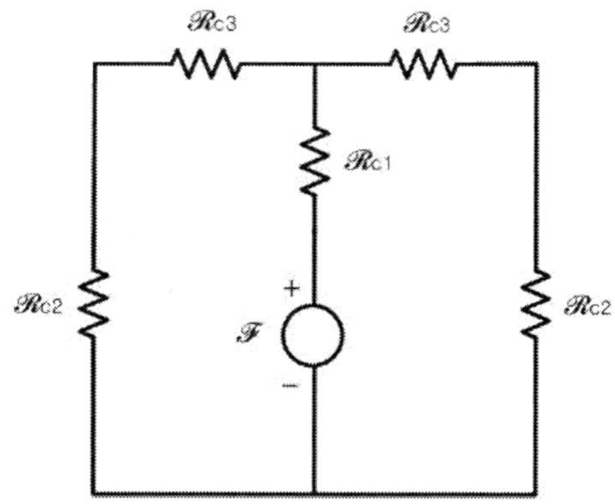

그림 15-6. 공극이 없을 때의 자기회로

Ⅲ. 와전류에 의한 도체 부양실험

(1) 실험 Ⅱ와 같이 결선하고 그림 15-7과 같이 철심을 변압기 중앙부분에 세우고 전압을 37[V]로 인가했을 때 전류는 몇 [A]가 흐르는지 표 15-1에 기록하시오

(2) 실험1의 상태에서 그림 15-8과 같이 폐회로인 알루미늄편을 철심에 끼웠을 때 어떤 현상이 일어나는가? 또, 전류는 몇 [A]가 흐르는지 표 15-1에 기록하시오

(3) 실험 2에서 알루미늄편을 손으로 눌렀을 때 전류는 어떻게 변하는가? 전류가 변하는 이유는 무엇인가?

(4) 폐회로인 알루미늄편을 철심에서 빼내고 개회로인 알루미늄편을 철심에 끼웠을 때 어떤 현상이 일어나는가? 이 현상이 일어나는 이유는 무엇인가?

그림 15-7. 변압기 상단에 철심을 세운 경우

그림 15-8. 변압기 상단에 철심을 세우고 알루미늄편을 끼운 경우

표 15-1. 실험 결과

실험	전압[V]	전류[A]
Ⅰ-1		
Ⅰ-2		
Ⅰ-3		
Ⅱ-1		
Ⅱ-2		
Ⅲ-1		
Ⅲ-2		

실험 16 단상변압기 무부하 시험 (Open Circuit Test)

실험목적

단상변압기에 전압 인가 시 철손과 여자전류를 측정한다.

기초지식

변압기의 철손과 여자전류는 철심중의 최대자속밀도 B_m에 의하여 결정되는 것이다. 이 최대자속밀도 B_m은 같은 실효치의 전압이라도 파형에 의하여 일정치 않다.

가령 전압계의 지시가 일정하더라도 전압의 파형이 다르면 최대자속밀도가 달라지고 따라서 철손과 여자전류에도 다소의 영향을 미친다. 그러므로 전원은 될 수 있는 대로 정현파의 전압을 인가하는 것이 좋다.

이 방법에 의하여 생기는 동손도 포함되어 있으나 이것은 1차 코일의 저항이 작으므로 동손도 역시 아주 작은 것이므로 철손에 비하여 무시할 정도이다. 그러므로 전력계의 지시치는 바로 철손을 표시하는 것이라고 할 수 있다.

이 철손 중에는 히스테리시스손과 와전류손(hysteresis loss & eddy current loss)을 포함하고 있으므로 이것을 분리하는 방법은 일정한 최대자속밀도에서 전자는 주파수의 1승, 후자는 2승에 비례하는 것을 이용할 수 있다.

히스테리시스손을 P_h,와 전류손을 P_e 라 하고 철손을 P_c 라 하면,

$$P_c = P_h + P_e$$

여기서

$$P_h = k_h\,(\hat{B})^n f\,V$$

$$P_e = k_e\,(\hat{B} f\, d)^2$$

로 된다.

실험준비

- 교류전압계 : 1대
- 교류전류계: 1대
- 전력계 : 1대
- 주파수계: 1대
- 개폐기: 1대
- 가변저항기: 1대

실험순서

(1) 그림 16-1과 같이 회로를 결선한다.

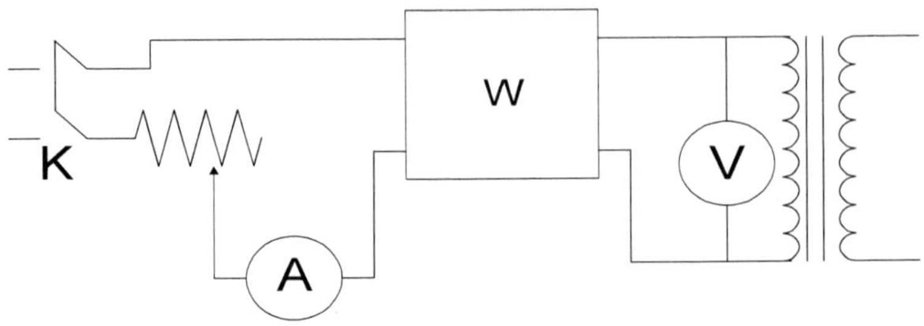

그림 16-1. 무부하 시험 회로 결선도

(2) 전원의 주파수를 일정하게 유지하고 바리액으로 공급 전압을 될 수 있는대로 광범위하게 변화하여 정격전압의 25[%] 과전압까지 가하고 각 계기의 지시값을 기록한다. 전압을 횡축에, 입력, 여자전류, 철손 및 역률을 종축에 취하여 곡선을 그린다.

(3) 역률과 동손은 다음 식에서 구할 수 있다.

역률 $p.f = \frac{W}{IE} \times 100[\%]$

동손 $W_c = I^2 R$

(4) 코일의 권선 저항을 측정한다. 변압기의 저항을 이미 알고 있으면 그대로 사용하면 된다.

주의사항

1. 여자전류는 적은 것이므로 전류계를 읽을 경우 전압계, 전력계를 개방하고 읽어라.
2. 공급전압을 변압기의 2차측에 공급하여 1차측에는 고전압이 유도되므로 1차측 단자에 각별히 주의할 것.

1. 실험의 목적 및 배경(과거의 관련된 연구 결과 및 이론)

2. 본론 (실험 장치 및 방법, 실험 결과와 논의)

실험결과

표 16-1. 실험 결과

공급전압	전 류	입 력	역 률	동 손
E[v]	I[A]	W[w]	p.f	Wc

평가

(1) 철손을 히스테리시스손과 와전류손으로 분리하여 비교 서술하라.

3. 결론

4. 고찰

5. 참고문헌

실험 **17**

단상변압기 단락 시험 (Short Circuit Test)

실험목적

단상변압기의 전부하전류에 대한 동손과 전부하전류를 흘려주는데 필요한 전압 즉 변압기내부의 임피던스전압(impedance voltage)을 측정한다.

기초지식

변압기의 동손(銅損; copper loss)은 1차코일의 저항과 2차코일의 저항으로 생기는 손실이 주원인이므로 그 값은 식에서 구할 수 있다.

$$W_c = \left(\frac{r_1}{a^2} + r_2\right) I_s^2$$

단, r_1, r_2는 각각 1차코일, 2차코일의 저항이고 a는 변압비, I_s는 2차측전류(전 부하전류)이다. 전 부하전류에 대한 동손은 위 식에서 전 부하전류와 r_1, r_2, a를 알면 계산할 수가 있다. 변압기의 전압변동율은 극히 작은 것으로 무부하 상태와 전 부하상태의 차는 일반적으로 수[%] 정도이다. 따라서 변동하는 만큼의 전압을 1차측에 가하면 2차측에는 전 부하전류가 흐를 것이다. 이 전압을 임피던스전압이라 한다. 또 이 때의 1차측에 입력을 임피던스.와트(impedance watt)라 한다.

실험순서

(1) 그림 17-1과 같이 회로를 결선한다.

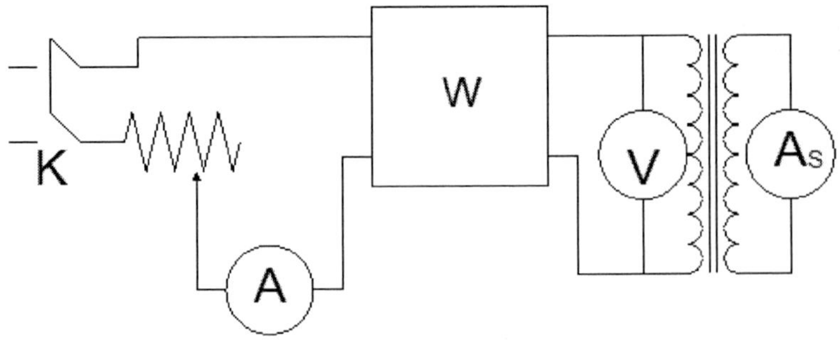

그림 17-1. 단락 시험 회로 결선도

(2) 입력을 조절할 수 있게 편의상 고압측에 유도전압조정기 혹은 바리액(induction regulator or variac)을 연결한 후 전압을 영(zero)으로 하고, 개폐기 K_1, K_2를 접속한 다음 전압을 상승하면서 그때그때의 각 계기에 지시된 값을 읽어 기록하고 전류를 횡축에 임피던스전압, 임피던스, 동손 및 역률을 종축에 취하여 곡선을 그린다.

(3) 임피던스와 역률은 다음 식으로 계산하다.

임피던스 $Z = \dfrac{V}{I}[\Omega]$

역률 $p.f = \dfrac{W}{VI} \times 100[\%]$

$$V = I_s \sqrt{\left(\frac{r_1}{a^2} + r_2\right)^2 + \left(\frac{x_1}{a^2} + x_2\right)^2}$$

(4) 일차전류 및 이차전류 I_s를 감시 하면서 전압을 조정한다.

$$전부하전류 = \frac{정격출력}{이차정격전압}$$

(5) 일차, 이차코일의 저항 r_1, r_2를 더블 브리지로 측정한다.

주의사항

(1) 도선의 접속을 완전하게 하며, 전류용량에 적당한 도선을 선택할 것.

(2) 저압측에 전압을 공급하므로 고압측에는 높은 전압이 유기되기 때문에 전류계 A_s를 항상 주의하여 보면서 공급전압을 조정할 것.

1. 실험의 목적 및 배경(과거의 관련된 연구 결과 및 이론)

2. 본론 (실험 장치 및 방법, 실험 결과와 논의)

실험결과

표 17-1. 실험 결과

변압기의 정격 r_1, r_2 [Ω]

전 압 E[v]	전 류 I[A]	전 력 W[w]	이차전류 Is[A]	임피던스 Z[Ω]	역 률 p.f[%]	비 고

평가

1. 무부하특성측정과 단락특성측정 각각의 동손과 철손을 비교검토하라.

3. 결론

4. 고찰

5. 참고문헌

참고문헌

- 전자기학 / 박동철; 한우용; 정오현 공저 박동철 삼보 2003 단행본
- 전자기학 / S.V. Marshall ; Richard E. Dubroff ; G.G. Skitek Marshall, Stanley V. 청문각 1999 단행본
- 전자기학 / David K. Cheng ; 김남 ... [공역] Cheng, David K. 반도출판사 2000 단행본
- 전자기학 : 이론과 현실 / 한득영 저 인터비젼 2000 단행본
- 전자기학 / Kenneth R. Demarest 저 ; 이상열 ; 최우영 공역 Demarest, Kenneth R. 인터비젼 2000 단행본
- 전자기학 / Mathew N. O. Sadiku [저] ; 남상욱 역 Sadiku, Mathew N. O. 사이텍미디어 1998 단행본
- (신편)전자기학 / 김재환 저 동일출판사 1999 단행본
- 전자기학 / 김세윤 저 사이텍미디어 2001 단행본
- 전자기학 / Paul Lorrain ; Dale R. Corson [공저] ; 구기준 ... Lorrain, Paul 사이텍미디어 1998 단행본
- 전자기학 / 대한전자공학회 편 대한전자공학회 청문각 1998 단행본
- ED Laboratory Motor & Generator(1), ED Lab. 1996.
- 변압기/대강등 저 대강등 동경전기대학 1967 단행본
- 특수변압기 / 공업진흥청 [편] 공업진흥청 공업진흥청 1979 단행본
- 변압기공업 / 한국산업은행기술부[편] 한국산업은행기술 한국산업은행 1973 단행본
- 변압기법 스케일링을 이용한 웨이브 디지탈 필터의 동적 범위 최적화연구 권희훈 동아대

학교 1987 박사학위논문

- 경계요소법과 유한요소법에 의한 변압기의 자기적 특성해석에 관한해석 김찬오 한양대학교 1985 박사학위논문
- 유한요소법에 의한 변압기인덕턴스 계산 노채균 영남대학교 1984 박사학위논문
- 초고압 변압기의 유동대전특성과 감소대책 김두석 숭실대학교 1994 박사학위논문
- 초음파 경향분석에 의한 전력용 변압기의 예방진단에 관한 연구 권동진 숭실대학교 1995 박사학위논문
- 배전시스템의 변압기 최대 부하 예측 기법에 관한 연구 / 이욱 숭실대학교 1996 박사학위논문
- 초음파측정에 의한 변압기내의 부분방전위치측정에 관한 연구 정완섭 숭실대학교 1993 박사학위논문
- 전기기기수리법 : 변압기. 유도기 / 장세교 장세교 성문당 1978 단행본
- 직류기. 동기기 / 실정강장 저 전기서원 1975 단행본
- 유도기 / 중도철일랑 저 중도철일랑 동경전기대학 1967 단행본
- 유도기기 / 박민호 박문호 동명사 1971 단행본
- 유도기기 / 적야소삼 전기서원 1965 단행본
- 전기회로모델을 이용한 유도기의 전자계 해석에 관한 연구/ 최낙상 동국대학교 1978 석사학위논문
- 동기기 / 대하내치 저 オ－ム社 1965 단행본
- 동기기. 회전변류기 전기학회 1970 단행본
- 동기기 제동권선의 등가임피이던스 이원교 중앙대학교 1985 박사학위논
- 전기기기/ 안민옥...[외] 저. 태영문화사 1999 단행본
- (최신) 전기기기실험 / 김영문 엮음. 김영문 다솜 2004 단행본
- 전기기기실험 실습 / 추동욱 ...[등편저] 추동욱 태영문화사 2001 단행본

- (2002)전기기기 / 검정연구회 [편]. 검정연구회 동일출판사 2002 단행본

- (2002)전기기기 / 검정연구회 [편] 검정연구회 동일출판사 2002 단행본

- 전기기기, CHARLES I.HUBERT 지음, 이항범 외 옮김, 사이텍미디어, 2003
- 전기기기, 고태언 외 지음, 북스힐, 2003
- 전기기기실험(LAB-VOLT), 대한전기협회 지음, 삼성북스, 2003
- 전기기기실험, 안민옥 외 지음, 삼성북스, 2003
- 전기기기(이론과 실험을 위한), 안병원 편 지음, 다솜출판사, 2001
- 최신 전기기기실험, 김영문, 다솜출판사, 2004
- 전기기기: 이론요약, 문제해설/ 이구형 저 이구형 크라운출판사 2001 단행본
- 전기기사: 산업기사 포함/ 이구형; 김원수 공저 이구형 크라운출판사 2001 단행본
- COMSOL MULTIPHYSICS User`s Guids